BIENEN ZÜCHTEN IN DER STADT

Urban beekeeping

HEEL Verlag GmbH
Gut Pottscheidt
53639 Königswinter
Tel.: 02223 9230-0
Fax: 02223 9230-13
E-Mail: info@heel-verlag.de
www.heel-verlag.de

© der deutschen Ausgabe:
2018 HEEL Verlag GmbH

© First published in French by Rustica, Paris – 2017
© 2018, Heel Verlag GmbH for the German edition

Originaltitel: Une ruche en ville : C'est possible!
Original ISBN: 978-2-8153-0948-6

Fotos ©
Biosphotos: Monique Berger: S. 92; Denis Bringard: S. 98; Dominique Delfino: S. 101; Bob Gibbons / SPL -
Science Photo Library: S. 41; Heidi & Hans-Juergen Koch /Minden Pictures: S. 21; Juniors: S. 90; Jean-Mi-
chel Mille: S. 84, S. 89; Jean-Louis Le Moigne: S. 29; Albert Montanier: S 94; Jean-Claude N'Diaye: S. 8, 10,
32; MG de Saint Venant: S. 43 (r.) ; Jean-Baptiste Strobel : S. 30, 85; Claudius Thiriet: S. 39.
Gilles Fert: S. 96
iStockphoto: S. 6, S. 13, S. 14, S. 20, S. 22, S. 27, S. 28, S. 31, S. 35, S. 36, S. 42 (r.), 43 (l.), S. 44, S. 47, S. 49,
S. 50, S. 52, S. 53, S. 55, S. 59, S. 62, S. 74, S. 77, S. 83, S. 91, S. 97, S. 99
Rustica: Éric Brenckle: S. 42 (l.) ; Christian Hochet: S. 48, S. 68, S. 71 ; Frédéric Marre: S. 25, S. 54,
S. 56, S. 65, S. 67, S. 72, S. 93, S. 102
Zeichnungen: Patrick Morin: S. 17; Michel Sinier: S. 16, S. 18, S. 19, S. 23

Deutsche Ausgabe:
Übersetzung: Thomas Albrecht, Köln
Satz: gb-s Mediendesign, Königswinter
Coverdesign: Axel Mertens, Königswinter
Lektorat: Hannah Kwella

Foto ©
Fotolia: Markus Wegmann: S. 65

Printed in Slovakia

ISBN 978-3-95843-638-1

Gaëlle de Broissia und Julien Desodt

BIENEN ZÜCHTEN IN DER STADT

Urban beekeeping

INHALT

KAPITEL 5: DER ERSTE TAG MIT IHREN BIENEN

KAPITEL 6: IHR ERSTES JAHR ALS IMKER

ANHÄNGE

EINFÜHRUNG

Bienenhaltung in der Stadt ist kein neuer Trend: Sie hat ihre Ursprünge in den 1960er Jahren in New York, als die ersten Bienenstöcke mitten im Central Park aufgestellt wurden. Ein paar Bürger griffen die Idee auf und errichteten Bienenwohnungen auf Dächern, Terrassen und Balkonen.

Seitdem hat sich die Bienenhaltung in der Stadt weltweit in derselben Geschwindigkeit ausgebreitet wie das Anlegen von Zier- und Gemüsegärten: in London, Montreal, Hong Kong, Berlin, Paris und in anderen Großstädten. Dachgärten sind ein Stück Natur in der Stadt und bieten obendrein eine reiche Nektarquelle für die Bienen, die aber auch in den Parks, den öffentlichen Gärten und Grünflächen, in den Bäumen der Alleen und bei Balkonpflanzen alles finden, was sie brauchen.

Diese Nahrungsvielfalt scheint sich obendrein auch positiv auf ihr Immunsystem auszuwirken. Und natürlich kann in der Stadt keine großflächige Verwendung von Insektiziden ihrer Gesundheit schaden.

Diese erfreuliche Perspektive hat schon viele Neulinge dazu bewegt, Hobbyimker zu werden.

Aber natürlich stellt man sich als Anfänger, der in einem Stadthaus oder einer Wohnung wohnt, die Frage: Kann ich wirklich Bienen in der Stadt halten?

Welche Fragen man im Detail klären muss, bevor man sich auf das Abenteuer einlässt, die faszinierende Welt der Bienen zu entdecken und den Traum vom eigenen Bienenvolk zu verwirklichen, verrät Ihnen dieses Buch.

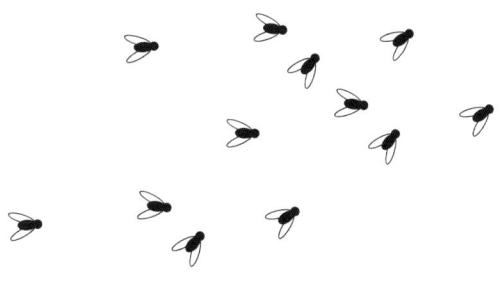

KAPITEL 1

BEVOR SIE HOBBYIMKER WERDEN

DIE VIER GRUNDVORAUSSETZUNGEN DES ERFOLGS

Einen Bienenstock bei sich aufzustellen, ist grundsätzlich eine gute Idee. Es ist ein gutes Mittel, die biologische Vielfalt in der Stadt zu erhalten. Es ist auch ein kleiner Beitrag zur Erhaltung des Bienenbestandes, der überall unter großem Druck steht. Und natürlich ist es ein schönes Hobby, das schnell zu einer echten Leidenschaft werden kann. Aber bevor man damit loslegt, sollte man ein paar grundsätzliche Dinge bedenken.

Lassen Sie sich beraten, und lesen Sie viel über Bienen

Auf dem Land kann man einen Bienenstock fast sich selbst überlassen, in der Stadt verlangt er etwas mehr Aufmerksamkeit. Man muss regelmäßig nach dem Rechten sehen und genug über Bienen wissen, um das Verhalten des Bienenvolkes vorhersehen und entsprechend handeln zu können. Wenn man das kann, können Bienen auch mit der dichtest besiedelten Stadtumgebung in friedlichem Einvernehmen leben.

Deshalb möchten wir Sie ermutigen, sich kundig zu machen, Fachbücher zu lesen und sich beraten zu lassen, um sich nicht blind in dieses Abenteuer zu stürzen. Am besten suchen Sie den Rat eines erfahrenen Imkers, dem Sie vertrauen, oder eines Imkervereins.

Bei diesem Hobby können auch schnell einige Kosten zusammenkommen. Es geschieht nicht selten, dass Hobbyimker sich die ganze Ausrüstung zulegen, einen Schwarm kaufen – und am Ende des Winters mit leeren Händen dastehen. Wenn Sie zuerst einen bereits erfahrenen Imker eine ganze Saison lang begleiten, können Sie sich einige Missgeschicke ersparen.

Bienenhaltung auf einem Balkon

Beachten Sie die Vorschriften

Bevor Sie ein Bienenvolk bestellen, erkundigen Sie sich erst einmal bei der Kreis- oder Stadtverwaltung, ob örtliche Einschränkungen für Ihren Wohnort gelten – etwa aufgrund des Bebauungsplans oder von Naturschutzbestimmungen. Auf alle Fälle müssen Sie beim Veterinäramt vorsprechen, denn es überwacht den Bienenbestand wegen der teilweise meldepflichtigen Bienenkrankheiten.

Meistens ist das Aufstellen von Bienenbeuten erlaubt, die Vorschriften setzen keine sehr engen Grenzen. Aber es kann sein, dass es bei Ihnen nicht ohne Weiteres möglich ist.

Suchen Sie den Aufstellort sorgfältig aus

Auf dem Dach, im Garten, auf dem Balkon oder in einem Park ... Die Imkerei wird immer urbaner, und gleich den Gemüsegärten und dem „Urban Farming" erobern die Bienenstöcke friedlich die Städte.

Wählen Sie den besten Aufstellort für Ihren Bienenstock sorgfältig aus. Es ist eine gute Idee, seine Auswahl von einem erfahrenen Imker prüfen zu lassen; er kann Sie schon im Voraus auf Probleme aufmerksam machen, auf die Sie sich eventuell einstellen müssen.

BEDENKEN SIE ...

Allergisch oder nicht allergisch? Wenn Sie oder ein Mitglied Ihres Haushaltes an einer Allergie gegen Bienengift leiden, wäre ein Bienenstock neben der Wohnung ein großer Stress. Das wäre sicher keine gute Idee.

Reden Sie mit den Nachbarn

Es könnte für Ärger sorgen, wenn Ihre Nachbarn plötzlich feststellen, dass Sie einen Bienenstock aufgestellt haben, ohne Sie vorher zu informieren.

Kündigen Sie Ihr Vorhaben ein paar Wochen im Voraus an, und machen Sie sich ein genaues Bild der Reaktionen, die Sie damit auslösen. Sicher werden manche davon positiv sein, aber es wird auch Bedenken geben. Machen Sie die positiven Auswirkungen Ihres Vorhabens deutlich, zeigen Sie, dass Sie die Risiken ernst nehmen und unter Kontrolle haben, und wecken Sie Verständnis und Interesse für die Imkerei in der Stadt. Vielleicht wird daraus ja ein Nachbarschaftsprojekt, und man betreut den Bienenstock zu mehreren.

Wenn Sie aber auf energischen Widerstand stoßen, suchen Sie lieber einen anderen Standort für Ihren Bienenstock.

KAPITEL 2

DAS EINMALEINS DER BIENENKUNDE

DIE ORGANISATION DES BIENENSTOCKS

Bevor Sie in die Bienenhaltung einsteigen, lernen Sie das Grundwissen kennen: die Arbeitsteilung des Bienenvolkes, seine Mitglieder und seine Produkte.

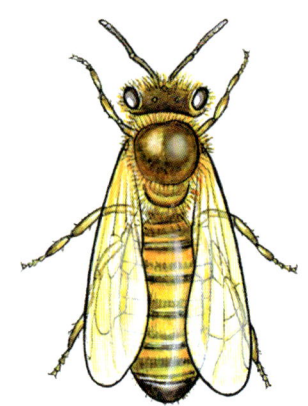

Machen wir uns zunächst mit den unterschiedlichen Individuen im Bienenstock vertraut. Es gibt drei verschiedene Typen davon, die jeweils ganz eigene Aufgaben haben: die Arbeiterin, den Drohn, und natürlich die Königin. Die Imker sprechen von den drei Bienenwesen.

Die Arbeiterinnen

Die Arbeiterinnen stellen die größte Gruppe im Bienenvolk, es sind über 90 % aller Bienen des Stocks. Man findet sie auf jedem Rähmchen und in jedem Bereich der Beute (des Bienennests): Sie führen sämtliche Arbeiten durch, die nötig sind, damit das Volk gedeihen und überleben kann.

Die Geburt

Die Larve schlüpft drei Tage nach der Eiablage. Die Wabe, in der sie sitzt, wird am neunten Tag nach der Eiablage verschlossen, dann verpuppt sich die Larve und wird zur Biene. Die Arbeiterinnen schlüpfen nach 21 Tagen (während die Drohnen 24 Tage brauchen bis sie reif sind zu schlüpfen, und die Königin 16 Tage). Schon bei der Geburt hat die Biene ihre endgültige Gestalt und Größe.

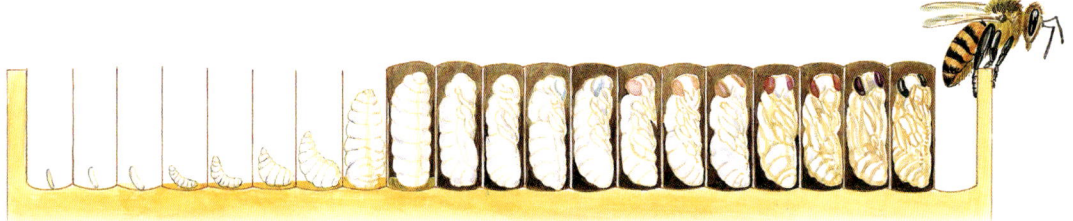

Die Entwicklung von der Larve zur Biene, von Tag 1 bis Tag 21.

Die unterschiedlichen Rollen der Arbeiterin

Im Laufe ihres Lebens (das etwa 30 Tage dauert) ändert sich die Rolle der Arbeiterin im Stock ständig. Unmittelbar nach ihrer Geburt beginnt sie, die Wabenzellen zu säubern – zuerst die, in der sie geboren wurde. Sie ist in diesem Stadium eine **„Putzbiene"**.

Anschließend wird sie eine **„Ammenbiene"** und versorgt die Larven, die in den Brutwaben heranwachsen.

Dann entwickelt sie sich zur **„Baubiene"** und beginnt, winzige Wachsschuppen mit den Wachsdrüsen an ihrem Hinterleib zu produzieren und daraus Waben zu bauen.

Nach einigen Tagen, an denen sie erfahrener geworden ist, kann die Arbeiterin immer anspruchsvollere Aufgaben erfüllen. So wird sie zur **„Lüfterbiene"** (sie lüftet das Beuteinnere, um den Nektar zu trocknen, damit er zu Honig werden kann, aber auch, um das Raumklima zu regeln und die Temperatur konstant zu halten), dann zur **„Wächterin"**, die das Kommen und Gehen der Bienen am

EIN PAAR ZAHLEN

Im Mai und im Juni arbeiten in einem Stock bis zu 70.000 Arbeitsbienen. Im Winter wird nur eine „kleine" Bevölkerung von 20.000 übrig sein, die sich zur Überwinterung in einer engen Traube im Stock zusammendrängen.

Flugloch überwacht und fremden Eindringlingen den Zugang verwehrt, und schließlich **„Sammlerin"**. Dies ist die letzte Aufgabe, welche die Arbeiterin zu erfüllen hat. Sie wird die Blüten der Umgebung anfliegen und Pollen, Nektar, Wasser und Baumharz für die Propolis in das Nest eintragen. Von den ständigen Flügen verbraucht, wird sie nach einigen Tagen, nicht weit vom Stock entfernt, an Erschöpfung sterben.

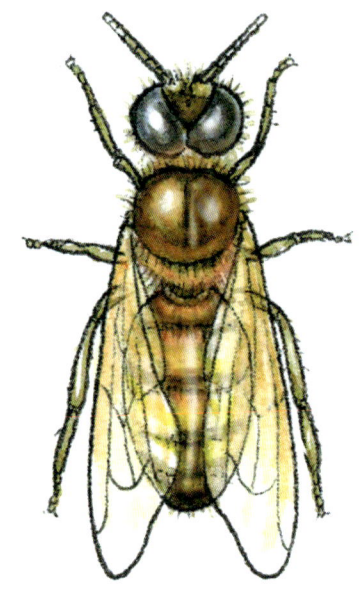

Der Drohn

Der Drohn ist die männliche Honigbiene. Er schlüpft aus einem nicht befruchteten Ei, das die Königin in eine der dafür bestimmten, etwas größeren Waben abgelegt hat. Man erkennt ihn leicht an den sehr großen, um den ganzen Kopf herumgehenden Augen, und an seiner Korpulenz. Er ist pummeliger als die Arbeiterin und hat auch einen umfangrei-

WUSSTEN SIE SCHON …?

Die Hauptaufgabe der Drohnen ist es, sich auf dem Hochzeitsflug mit einer jungfräulichen Königin fortzupflanzen; nach der Paarung stirbt der Drohn. Im Stock spielen Drohnen eine Nebenrolle: Sie sind nützlich bei der Temperaturregelung, und bei besonders starkem Nahrungsangebot helfen sie bei der Verarbeitung des Nektars, den die Sammlerinnen heranschaffen.

cheren Hinterleib. Er ist nur im Frühling und Frühsommer auf den Rähmchen in der Beute zu finden.

In dieser Jahreszeit spielt er eine Schlüsselrolle bei der Begattung neuer, jungfräulicher Königinnen, die in der Schwarmzeit geboren wurden. Aber schon am Ende des Sommers findet man keine Drohnen mehr in der Beute, sie sind nach dem Ende der Blütensaison von den Arbeiterinnen, die keine unproduktiven Mitesser zu ernähren haben möchten, angegriffen und getötet worden.

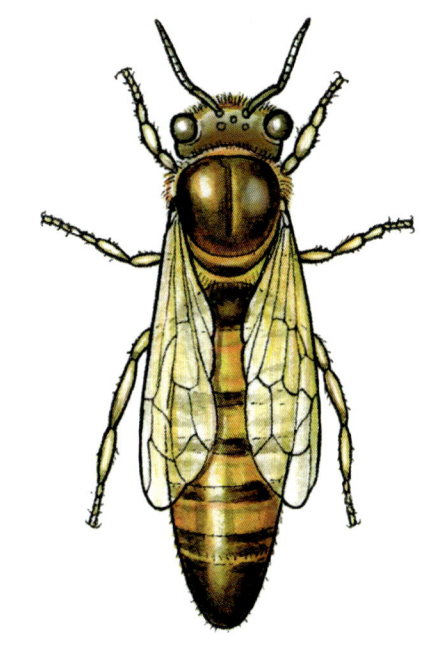

Die Königin

Die Königin, auch Weisel genannt, ist die Mutter aller Individuen des Bienenvolkes; von ihr hängt das Überleben des Volkes ab. Daher müssen Sie geübt darin sein, sie schnell zu erkennen, denn es kommt oft darauf an zu sehen, wo sie sich aufhält. Sie unterscheidet sich deutlich von den anderen Bienen im Stock, sie hat eine längliche Form, einen viel längeren Hinterleib und kleine Flügel auf dem Rücken.

Arbeiterinnen auf einer Honigwabe

WICHTIG ZU WISSEN

Die Eiablage durch die Königin hängt direkt mit dem Nahrungsvorrat zusammen. Deshalb ist es wichtig, das Bienenvolk in Mangelperioden zusätzlich zu füttern, damit seine Entwicklung nicht beeinträchtigt wird.

Sie verlässt das Nest nur ein einziges Mal, fünf bis sechs Tage nach ihrer Geburt, zum Hochzeitsflug. Dabei paart sie sich mit mehreren Drohnen, deren Spermien sie den Rest ihres Lebens in ihrem Körper verwahrt. Im Nest verbringt sie ihr Leben dann mit Eierlegen, was sie nur im Winter oder bei Nahrungsmangel unterbricht. Im Frühling kann sie bis zu 2000 Eier täglich legen, damit sich das Volk gut entwickelt und zur rechten Zeit genug Arbeitsbienen hat.

Gleichzeitig hat sie im Bienenstock die Rolle eines Dirigenten. Sie scheidet fortwährend Pheromone (Duft- und Botenstoffe) aus und steuert und koordiniert damit die Aktivität der Arbeitsbienen, um beispielsweise die Wachsproduktion anzuregen oder den Bau von Königinnenzellen zu unterbinden.

Winterbienen und Sommerbienen

Über den Verlauf des ganzen Jahres folgt die Legeleistung der Königin dem Bedarf des Volkes und dem Trachtangebot der Umgebung. Und so unterscheidet man Sommer- und Winterbienen. Die Sommerbienen kommen im Frühling und während des Sommers zur Welt und leben kaum länger als 30 bis 35 Tage.

Eine Biene schlüpft aus

Sie sind sehr aktiv und verbrauchen sich schnell, während sie unermüdlich am Nest arbeiten und Honigreserven für den Winter aufbauen.

Die Winterbienen werden im Herbst oder am Winteranfang geboren. Die Legeleistung der Königin geht im August abrupt zurück, wenn das Trachtange-

Bienenbeuten im Schnee

bot mit dem Ende der Blüten versiegt. Wenn im September die Temperaturen noch mild sind, legt die Königin wieder ein paar Wochen lang Eier. Dies sind die Eier, aus denen die Winterbienen schlüpfen, deren Leben ganz anders verläuft als das der Sommerbienen. Vor allem ist es sehr viel länger, denn sie können, besonders in Gegenden mit langen und harten Wintern, bis zu fünf bis sechs Monate alt werden.

Während dieser Überwinterung genannten Zeit drängen sich die Bienen dicht zu einer Traube zusammen und zehren von ihrem Vorrat. Ihre Aufgabe besteht darin, die Temperatur im Inneren der Beute, solange es Brut gibt, auf über 30 °C, und nach dieser Zeit auf um die 20 °C zu halten.

Sehen wir uns gemeinsam an, was die Bestandteile einer Magazinbeute sind.

Wir betrachten dazu den Aufbau einer Dadant-Magazinbeute mit zehn Rähmchen, die stellvertretend für die allgemein gebräuchlichste Form der Bienenbeute, die Magazinbeute, steht. (Es gibt viele Typen, darauf sei an dieser Stelle hingewiesen.)

Der Brutraum ist der Teil der Beute, in den Sie ihren ersten Schwarm einziehen lassen. Es ist ein Gehäuse aus Holz, das Sie von außen mit geeigneten Farben und Lasuren streichen können.

Die Brutraumrähmchen: Bei diesem Modell braucht man zehn Rähmchen, verdrahtet und mit oder ohne Mittelwand (einem vorgefertigten Wachswabennetz). Wer gern bastelt, kann die Rähmchen auch selbst mit Edelstahldraht verdrahten und mithilfe eines Transformators die Mittelwand einlöten.

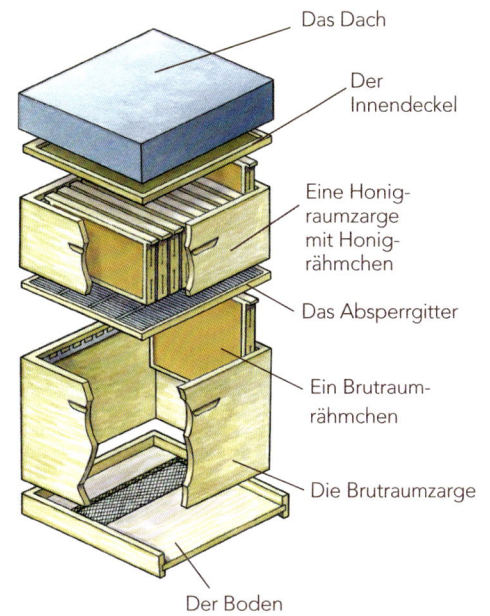

Das Dach

Der Innendeckel

Eine Honigraumzarge mit Honigrähmchen

Das Absperrgitter

Ein Brutraumrähmchen

Die Brutraumzarge

Der Boden

23

EIN TIPP FÜR BASTLER

Es gibt auch komplette Bausätze, aus denen man seine Beute selbst zusammenbauen kann.

Der Boden, komplett oder teilweise als Lüftungsgitter ausgeführt oder geschlossen, aus Kunststoff oder Holz. Das Lüftungsgitter kann bei kaltem Wetter geschlossen werden, oder wenn die Brut der Winterbienen begonnen hat. Es wird bei heißem Wetter geöffnet, damit das Beuteinnere besser abkühlen kann.

Der Fluglochverschluss verkleinert den Zugang zur Beute soweit, dass die Bienen nur noch einzeln hindurchpassen und Eindringlinge wie Mäuse und Hornissen keinen Zugang erhalten. Er erleichtert den Wächterinnen die Verteidigung des Stocks.

In der Hochblüte auf dem Höhepunkt der Sammelaktivitäten ist es besser, das Flugloch weit geöffnet zu lassen, um das Kommen und Gehen der vielen Sammelbienen nicht zu behindern.

Der Honigraum macht je nach Bauart etwa die Hälfte der Höhe der Beute aus. Es ist besser, wenigstens drei Zargen vorzuhalten, um ihn bei besonders großem Trachtangebot aufstocken zu kön-

EIN PAAR ZAHLEN

Die 15.000 bis 30.000 Sammlerinnen eines Bienenvolkes besuchen täglich zusammen bis zu zwei Millionen Blüten der Umgebung: Aus lauter kleinen Nektartropfen wird so eine Menge Honig.

nen, beispielsweise wenn viele Linden in der Nähe des Stocks blühen.

Die Honigraumzargen sind bei Dadant-Beuten halb so hoch wie der Brutraum und beinhalten neun Rähmchen.

Der Innendeckel (hier auch als Adam-Fütterer aufgeführt) schließt die Beute nach oben ab und erleichtert die Fütterung der Bienen.

Das Dach kann flach oder mit Giebel sein, ganz nach Geschmack – solange es wetterfest ist.

Sinnvolle Extras sind praktische Verriegelungen der Elemente aneinander vom Boden bis zur Honigzarge, um die Beute als Ganzes tragen zu können, und ein Metallbock, auf dem man die Beute mit Abstand zum Boden abstellen kann.

DIE PRODUKTE DES BIENENSTOCKS

Mit dem sprichwörtlichen Bienenfleiß widmen sich die Arbeiterinnen ganz dem Wohlergehen des Volkes und fliegen unablässig die Blüten der Umgebung an, um alles herbeizuschaffen und herzustellen, was im Stock benötigt wird. Honig, Pollen, Gelée royale, Propolis, Wachs … machen Sie sich einen Augenblick mit den wertvollen Ergebnissen all dieser Arbeit vertraut.

Der Honig

Seine Ernte ist die Belohnung all Ihrer Sorgen und Mühen um Ihre Bienen. Mit etwas Glück können Sie das Betriebsergebnis Ihrer Bienen in Form eines schmackhaften Konzentrats ausgewählter Blumen der Umgebung einfahren – eine hundertprozentige Spezialität Ihres Wohnortes, deren goldene Farbe den Wert verrät.

ZUM HINTERGRUND

Der Winter endet etwa Mitte bis Ende März. Auch wenn einzelne Frühblüher wie Hasel oder Erle schon im Februar beginnen ihre Pollen zu verbreiten, bleiben die Bienen bis zum Frühling bei ihren Vorräten.

Von April bis Oktober besuchen die Sammlerinnen pausenlos die Blüten im Umkreis des Stocks und sammeln den Nektar aus der Mitte der Blüte ein. Zu diesem Zeitpunkt ist es eine süßlich-fade, blasse Flüssigkeit, die zu 70 % aus Wasser besteht. Die Biene sammelt sie in ihrem Kropf neben der Speiseröhre, wo Invertase dazu kommt, das Enzym, mit dem die Umwandlung zu Honig beginnt.

Am Stock angekommen, gibt die Sammlerin ihren Tropfen Nektar an zwei oder drei Honigmacherinnen weiter, die ihn in ihrem Kropf weiter verdauen. Das nennt man Trophallaxis oder soziale Fütterung. Die Honigmacherinnen füllen den Nektar dann in die vorbereiteten Waben, übernehmen neue Nektartropfen von weiteren Sammlerinnen und so weiter, ohne Pause, von Sonnenaufgang bis Sonnenuntergang.

Honigtopf

Anschließend wird dieser Nektar durch die Wärme im Innenraum der Beute und die ständige Belüftung durch die Lüfterbienen entwässert. Wenn der Wassergehalt von 40 % auf 18 % herabgesunken ist, wird der Nektar zu Honig und die Wabe, in der er sich befindet, wird mit einem Wachsdeckel verschlossen. Es wäre jetzt eine berechtigte Frage, ob der Imker klug daran tut, den Bienen einen Teil ihrer wertvollen Vorräte wegzunehmen. Aber die Biene ist von Natur aus fleißig und sammelt so viel Honig wie sie kann, um den Fortbestand ihres Volkes unter allen Umständen sicherzustellen, und nicht nur so viel, wie gerade eben nötig erscheint. Solange noch Platz für weitere Vorräte ist, geht die Honigproduktion ungebremst weiter.

Etwas davon wegzunehmen, gefährdet nicht die Gesundheit des Bienenstocks. Trotzdem ist das Wichtigste, ausreichende Reserven übrig zu lassen. Um den Winter sorgenfrei zu überstehen, braucht ein Bienenvolk etwa 15 bis 20 kg Honig.

Pollen soll gut gegen Erschöpfung wirken.

len dabei von den Staubblättern der Blüte auf ihren behaarten Körper. Die Biene befeuchtet den Pollenstaub mit Nektar und reibt dann mit ihren Beinen darüber, wobei sie ihn zu Pollenkugeln zusammenrollt. Diese Kugeln trägt sie in Körben an ihren Hinterbeinen zum Stock, wo man sie bei der Rückkehr der Sammlerinnen am Flugloch gut beobachten kann.

Das Gelée royale

Unter allen Produkten des Bienenstocks ist es sicher das Gelée royale, dem man die erstaunlichsten Eigenschaften zuschreibt, und um das sich die größten Mythen ranken.

Der Pollen

Auch Pollen ist eine unverzichtbare Ressource für den Bienenstock. Er spielt für die Ernährung des Bienenvolks eine Schlüsselrolle, denn er enthält buchstäblich alle lebenswichtigen Nährstoffe: Proteine, Aminosäuren, Kohlenhydrate, Ballaststoffe, Milchsäurebakterien, Vitamine, Mineralstoffe und Antioxidantien.

Die Biene sammelt den Pollen ein, wenn sie eine Blüte besucht. Pollenkörner fal-

GUT ZU WISSEN

Die Farbe des Pollens wechselt von weißgrau zu schwarz, über grün, blau und natürlich gelb und orange. Je mehr unterschiedliche Farben der Pollen in ihrem Bienenstock hat, desto besser!

Es ist die kostbarste Substanz, die der Bienenstock hergibt. Es ist die einzige und ausschließliche Nahrung der Königin und lässt sie nicht nur sehr schnell wachsen, es verleiht ihr auch eine nach Bienenmaßstäben unvergleichliche Langlebigkeit: Lebt eine Arbeiterin im Sommer zur Hochsaison gerade einmal ein paar Wochen, so bringt es ihre Königin auf drei bis fünf Jahre.

Das Gelée royale spielt auch bei der Zusammensetzung des Saftes eine Rolle, mit dem die Larven im ersten Entwicklungsstadium ernährt werden. Aber die größten Mengen davon findet man in den Königinnenzellen.

Die Königin und ihr Hofstaat

Propolis an der Beute

zu 50–65 % aus Wasser und ist reich an Zuckern, Proteinen, Vitaminen und Mineralstoffen. Seine Zusammensetzung ähnelt der von Pollen, doch ist es proteinreicher. Als Imker möchten Sie vielleicht selbst Gelée royale gewinnen und werden sicherlich von ihren Bekannten darum gebeten werden – Sie sollten daher wissen, dass es nicht ganz einfach ist. Man muss dafür die Verfahren der Königinnenzucht beherrschen, denn Gelée royale kann man nur aus Zuchtkolonien gewinnen – es wird kein Vorrat davon angelegt. Man braucht daher eine gewisse Anzahl an Bienenvölkern, und auch großes Geschick bei der Handhabung der Werkzeuge. Nichts für Anfänger also.

Gelée royale ist ein dickflüssiger, weißlicher und leicht säuerlicher Saft, den die jungen Arbeiterinnen, solange sie Ammenbienen sind, nach dem Verzehr von Pollen mit ihren Kopfspeichel- und Mandibeldrüsen herstellen. Es wird auch Weiselfuttersaft genannt, besteht

Die Propolis

Man kann es nur selten beobachten, aber die Sammlerinnen fliegen nicht nur Blüten an, sie sammeln auch Harz von Baumknospen. Dieses Harz wird zur Herstellung der Propolis benötigt, des Bienenkittharzes. Es ist der natürliche Schutzschild des Bienenstocks.

Die Sammlerinnen fliegen zu den Knospen bestimmter Baumarten – meist Pappeln, Birken, Eschen oder Eichen –, sammeln das Harz ganz ähnlich, wie sie es mit dem Pollen machen, und transportieren es in den Körbchen an ihren Hinterbeinen zum Stock.

Dort übernehmen andere Arbeiterinnen die Weiterverarbeitung. Sie mischen Wachs und Speichelsekrete dazu, und die Propolis ist fertig zur Anwendung. Im Bienennest wird die Propolis als Dichtmasse, als Kleber, aber auch als antiseptischer und antibakterieller Schutzanstrich verwendet. Die Arbeiterinnen überziehen zum Schutz gegen Infektionen alle Innenwände der Beute mit Propolis wie mit einer Wandfarbe, um die Ausbreitung von Mikroben zu erschweren.

Das Bienenwachs

Genauso faszinierend ist das letzte Produkt des Bienenstocks, das Bienenwachs. Aus dieser, mit sehr hohem Energieaufwand hergestellten Substanz bauen die Bienen die Waben ihrer Behausung.

Das Bienenwachs wird von jungen Arbeiterinnen mit den Wachsdrüsen an ihrem Hinterleib ausgeschieden, die genau dazu bestimmt sind. Anders als Pollen

Mit Honig gefüllte Wachswaben

und Nektar, welche Produkte des Bienenstocks, aber pflanzlichen Ursprungs sind, ist Bienenwachs also rein tierischen Ursprungs. Es war lange Zeit gefragt und ein kostbares Material für Kerzen zur Beleuchtung von Kirchen und den Häusern wohlhabender Leute. Heute wird es von Imkern in erster Linie recycelt, um neue Mittelwände daraus zu gießen. Aber natürlich können sie es auch benutzen, um selber Kerzen daraus zu machen. Bei der Imkerei wird nichts weggeworfen, alles kann ein weiteres Mal und in anderer Form verwendet werden!

KAPITEL 3

WAS IST AN BIENENHALTUNG IN DER STADT BESONDERS?

DIE BIENE LIEBT DIE STADT

Bienenstöcke in der Stadt passen in das Bild einer städtischen Umgebung, die der Natur und den Pflanzen wieder mehr Raum gibt. Manche Städte sind wahre Eldorados für Bienen.

Pollen und Nektar im Überfluss

Selbstverständlich ist die Stadt nicht das natürlichste Biotop, das man sich für Bienen vorstellen kann. Aber die schönen Honigernten, die in der Stadt regelmäßig eingefahren werden können, zeigen es jedes Jahr: Entgegen aller Vorurteile mögen Bienen die Stadt.

Egal wie groß eine Stadt ist, aus Sicht einer Biene ist sie eine interessante Quelle für Pollen und Nektar. Grünflächenämter, die sich der Abschaffung giftiger Pflanzenschutzmittel verschrieben haben, haben ihre Städte sogar zu wahren Bienenparadiesen gemacht.

Die Biene kann dem Stadtleben viele Vorteile abgewinnen:

1. Eine pestizidfreie Umgebung. Viele Stadtverwaltungen haben den Einsatz von chemischen Pestiziden eingeschränkt oder abgeschafft, die Bienen finden deshalb ein giftfreies Trachtangebot vor;

2. Ein deutlich wärmeres Mikroklima als auf dem Land. Man schätzt, dass die Temperaturen in der Stadt 0,5 °C–4 °C über denen außerhalb der Städte liegen;

3. Ein abwechslungsreicheres und über einen längeren Zeitraum verfügbares Trachtangebot blühender Pflanzen. Im

Eine Biene sammelt Nektar an einem Obstbaum.

Gegensatz zum zunehmend von Monokulturen geprägten ländlichen Raum bietet die Stadt über die ganze Vegetationsperiode viele verschiedene Nektarquellen.

Ist Stadthonig sauber?

Die Frage impliziert, der auf dem Land gewonnene Honig sei frei von chemischen Verunreinigungen, was leider weit von der Realität entfernt ist.

Eines zumindest lässt sich über Honig aus der Stadt sagen: Dank des Verzichts vieler Kommunen auf chemische Pflanzenschutzmittel tauchen kaum Spuren davon in städtischem Honig auf, was schon ein

Pluspunkt ist. Allerdings ist er stattdessen mit Luftschadstoffen und anderen stadttypischen Immissionen belastet. Machen wir uns nichts vor, auch wenn die Bienen in der Stadt sorglos leben, sind die Produkte ihres Stocks unvermeidlich von der Luft- und Umweltqualität der Stadt beeinflusst. So finden sich im Stadthonig zum Beispiel kleine Spuren von Schwermetallen. Mehr als die Luft scheint das Wasser in Regenrinnen und auf Blechdächern eine Quelle von solchen Verunreinigungen des Honigs zu sein. Sie sind für Bienen attraktiv, wenn keine geeigneteren Wasserquellen in der Nähe sind, mitunter aber mit Blei und Zink belastet.

Die städtischen Grünflächen bieten den Bienen eine breite Auswahl.

PESTIZIDFREIE KOMMUNEN

In den letzten Jahren wächst das Bewusstsein für die Schäden, die der Einsatz von Pestiziden und Insektiziden im Ökosystem anrichtet, insbesondere durch den starken Druck auf den Bestand von bestäubenden Insekten. Immer mehr Kommunen entscheiden sich deshalb, unterstützt und angespornt von Naturschutzverbänden wie dem BUND und Behörden wie dem Umweltbundesamt, auf den Einsatz solcher Mittel zu verzichten und bienenfreundliche Grünflächen anzulegen.

DIE EIGENHEITEN DER BIENENZUCHT IN DER STADT

Die Bienenzucht in der Stadt hat sich die Anerkennung erst erarbeiten müssen. Heute erkennen alle Imker an, dass ihre städtischen Kollegen dieselbe Leidenschaft für Bienen hegen, obwohl die Imkerei in der Stadt notwendigerweise in ihren Praktiken leicht abweicht.

Auch wenn die Umgebung eine andere ist, sind die meisten Imkertätigkeiten in der Stadt weitgehend identisch mit denen auf dem Land. Man macht dieselben Besuche beim Stock, führt dabei dieselben Arbeiten durch und geht genauso vor.

Der Gesundheitszustand von Königin und Volk muss überwacht werden, die starken Honigtrachten wollen vorbereitet sein, neue Zargen zur Beute hinzugefügt oder Krankheiten aufgespürt und behandelt werden.

Der wirkliche Unterschied zwischen Stadt und Land liegt in der Schwarmverhinderung. Das Schwärmen ist zwar ein ganz natürlicher Vorgang, aber in der Stadt ist es besser, ihm vorzubeugen und es erst gar nicht dazu kommen zu lassen. Das Schauspiel eines Bienenschwarms,

der seine Beute in einer Wolke von Bienen verlässt, ist immer eindrucksvoll und könnte die ganze Nachbarschaft in Panik versetzen. Der Schwarm könnte einen ungeeigneten Platz aussuchen, um sich niederzulassen (etwa einen Kaminabzug oder einen Abwasserkanal), aus dem man ihn nur mit Mühe und unter Gefahren wieder herausholen könnte.

Das Schwärmen zu verhindern verlangt eine sehr genaue Beobachtung und Interpretation des Verhaltens und der Entwicklung eines Bienenvolkes, und vorausschauendes Handeln.

EIN NATÜRLICHER VORGANG: DAS SCHWÄRMEN

Alle Bienenvölker schwärmen: es gehört zum natürlichen Lebenszyklus des Bienenvolks. Schwärmen ist die Art, wie Bienen sich fortpflanzen.

Wenn die Beute überbevölkert ist

Schwärmen ist vor allem eine Folge von Überbevölkerung im Nest. Wenn in der Hochsaison der Platzmangel in der Beute zu deutlich wird, verlässt die Königin den Stock mit ein paar tausend Arbeiterinnen und ein paar Drohnen, und sucht eine neue Bleibe. Im ursprünglichen Nest kommen einige Tage später junge Königinnen zur Welt.

Andere auslösende Faktoren

Einige Bienenrassen schwärmen schneller aus als andere. Auch spielt das Alter der Königin eine wichtige Rolle: Je jünger eine Königin ist, desto vitaler ist sie und desto weniger Neigung zeigt ihr Volk, neue Königinnen heranzuziehen. Umgekehrt wird ein Bienenvolk, dessen Königin drei Jahre alt ist, mit einer

TIPP:

Beobachten Sie, wie sich ihr Bienenstock entwickelt. Wenn es eine große Fläche an Brutzellen auf sieben oder acht Rähmchen verteilt gibt, müssen Sie der Königin Platz zum Eierlegen schaffen, und wöchentlich nachsehen. Ansonsten ist es sehr wahrscheinlich, dass sie ausschwärmen wird.

Wahrscheinlichkeit von 60 % im Laufe des Sommers ausschwärmen.

Ein Schwarm kann sich auch bilden, wenn die Bienen nichts zu tun haben: sie müssen immer beschäftigt sein. Wenn

Schwarm an einem Baum

sie keinen Platz haben, um weitere Honigvorräte unterzubringen, wenn es zu viele Ammenbienen oder zu viele Baubienen gibt, wird sich der Drang zum Schwärmen aufbauen. Es scheint auch so zu sein, dass die Verwendung eines Absperrgitters zwischen Brut- und Honigraum die Schwarmstimmung anheizen kann.

FAUSTREGEL:

Versuchen Sie mit Ihren Maßnahmen dem Bienenvolk immer drei Wochen voraus zu sein. Aus den Eiern, die Sie bei Ihren Kontrollbesuchen sehen, werden in 21 Tagen Bienen schlüpfen. Die verdeckelten Brutzellen werden sich nach einem bis zwölf Tagen öffnen, und eine Biene schlüpft aus.

Die Schwarmsaison

Es gibt eine Saison für Schwärme: die Zeit der Massentrachten, wenn also die große Blüte einer wichtigen Nektarquelle herrscht, und wenn es lange Schönwetterperioden gibt. Diese Bedingungen herrschen oft im Mai und Juni, je nach Witterungsverlauf des jeweiligen Jahres kommen aber auch andere Monate in Frage.

Schwärmen kann vermieden werden

Es kann passieren, dass Ihr Bienenvolk trotz all Ihrer vorbeugenden Maßnahmen dennoch in Schwarmstimmung gerät. Wenn Sie bei der Kontrolle offene Königinnenzellen mit Gelée royale oder verdeckte Königinnenzellen finden, deutet dies auf ein bevorstehendes Schwärmen hin.

Sie haben immer noch ein paar Möglichkeiten zu versuchen, das Schwärmen zu verhindern:

1. Der Königin mehr Brutplatz anbieten und die Bienenbevölkerung verringern

2. Alle Königinnenzellen vernichten

3. Die Königin austauschen, falls sie zu alt ist

4. Eine Beute in der Nähe Ihrer ersten Beute aufstellen, die hoffentlich vom Schwarm sofort angenommen wird

Wenn es Ihnen nicht gelingt, das Schwärmen Ihrer Bienen zu verhindern, wird es Sie beruhigen zu wissen, dass von dem Schwarm keine Gefahr ausgeht. Die Bienen sind voller Honig und zu sehr damit beschäftigt, ihren neuen Nistplatz zu finden, um jemanden zu stechen. Sie können sich an einen erfahreneren Imker wenden, der den Schwarm gern einfangen wird.

WICHTIG ZU WISSEN

Bienen gelten als wilde Tiere und sind deshalb nicht automatisch weiter Ihr Eigentum, wenn sie ausschwärmen und Ihre Obhut verlassen. Sie haben aber als Imker Ansprüche auf den Ihnen entwichenen Schwarm, solange Sie ihn verfolgen, wobei Sie sogar – tunlichst nach Rücksprache mit dem Besitzer – fremde Grundstücke betreten dürfen.

DIE PFLANZEN UND BLÜTEN DER STADT

Die Alleebäume entlang der Straßen sind eine wichtige Nektarquelle in der Stadt. Parks, Gärten und Balkone bieten ebenfalls eine große Vielfalt blühender Pflanzen.

Die Vielfalt an unterschiedlichen Blüten macht den Geschmack von Honig, der von Stadtbienen gesammelt wird, unvergleichlich. Zu seinen Besonderheiten gehört es, dass auch exotische Zierpflanzen aus anderen Erdteilen unter den Trachten sind, wie der Japanische Schnurbaum beispielsweise, der den Bienen mitten im August sehr viel Nektar bietet.

Schauen wir uns einige typische städtische Honigquellen im Einzelnen an.

Der Feldahorn, April bis Mai

Der Ahornbaum ist so etwas wie eine Allzweckwaffe der Stadtgärtner, denn er ist sehr robust. Man kann ihn im Herbst gut ausmachen, wenn sein Laub sich golden bis rötlich verfärbt. Alle Ahornarten sind gute Trachten, aber der Feldahorn ist für den Imker der interessanteste. Seine in Rispen wachsenden grüngelblichen Blüten sind eine schöne Nektarquelle von April bis Mai.

GUT ZU WISSEN

Honigbienen besuchen blühende Pflanzen bis zu 3 km im Umkreis des Stocks.

Die Rosskastanie,
Mai bis Juni

Die Rosskastanie ist in vielen großen Städten verbreitet, gerne in Form prächtiger Alleen und auf Plätzen, aber auch als Einzelbaum in Parks. Sie kann 300 Jahre alt und bis zu 30 m hoch werden. Ihre pyramidenförmigen Blütenstände gehen am Ende des Frühjahrs prächtig auf und sind eine Wonne für Bienen, denn sie sind reich an Nektar und besonders an Pollen (wovon auch manche Allergiker ein Lied singen können).

Die Linde,
Juni bis Juli

Ein allgegenwärtiger Klassiker unter den Stadtbäumen, der bis zu 1000 Jahre alt werden kann, ist die Linde. Ihre hängenden Blüten duften intensiv und enthalten sehr viel Nektar. Sobald sie beginnen zu blühen, summen die Lindenbäume vor lauter Honigbienen. Lindennektar liefert einen delikaten Honig von heller Bernsteinfarbe, in dessen Duft Anklänge an Menthol spürbar sind. Im Geschmack erkennt man die Aromen von Lindenblütentee und Menthol, mit einer leicht bitteren Note im Abgang.

Der Japanische Schnurbaum, August

Im August, wenn die meisten Blumen im Garten verblüht sind, läuft Sophora Japonica zur Hochform auf und bringt große Trauben cremeweißer bis hellgelber oder hellrosafarbener Blüten hervor. Der aus China und Korea stammende und auch in Japan nur importierte Baum kam im 18. Jahrhundert nach Europa und wurde wegen seiner Robustheit bald zu einem beliebten Straßenbaum für die Städte. Unter seinen zahlreichen anderen Namen findet sich bezeichnenderweise auch der Name „Honigbaum", und den trägt er zu Recht, denn er ist eine der ergiebigsten Baumarten in dieser Hinsicht.

Der Efeu, September bis Oktober

An Bäumen, Mauern und am Boden klettert und wächst der Efeu und breitet sein üppiges Blattwerk auf große Flächen aus. Seine Blüten öffnen sich spät, im September und Oktober, und liefern den Bienen einen Nachschub an Pollen und Nektar, der zur Brut der Winterbienen sehr willkommen ist. Die Efeublüten sind klein und grünlich und sehr zahlreich und werden im Herbst von Tausenden von Bienen besucht. Der dunkle bernsteinfarbene Honig von der Efeublüte wird selten geerntet, denn er ist meist wichtiger als Wintervorrat für das Bienenvolk.

KAPITEL 4

BEVOR SIE IHREN EIGENEN BIENENSTOCK AUFSTELLEN

WO UND WANN KÖNNEN SIE BEI SICH ZU-HAUSE EINEN BIENENSTOCK AUFSTELLEN?

Wo? Wann? Wie? Bevor man sich als Städter in die Bienenhaltung stürzt, muss man unbedingt ein paar Fragen klären. Überlegen Sie erst, welche Hindernisse sich Ihrem Wunsch nach einem eigenen Bienenvolk entgegenstellen können und wie man sie überwindet. Lassen Sie nicht locker, es kann schon etwas dauern, bis alles klargestellt ist.

Garten, Terrasse, Balkon, Dach, Hinterhof … Der richtige Stellplatz ist das A und O bei der Bienenhaltung in der Stadt. Es kann auch darauf hinauslaufen, dass Sie keinen geeigneten finden und Ihren Plan aufgeben müssen. Aber wenn es auf ihrem Grundstück nicht geht, findet sich vielleicht eine Alternative.

tung üblich, hat der Nachbar theoretisch keine Möglichkeit, die Bienenhaltung zu verhindern. Allerdings kann es vereinzelt durch Bebauungspläne und andere lokale Gegebenheiten Einschränkungen geben. Hierzu ist es ratsam, bei den Behörden vor Ort vorzusprechen.

Gesetzliche Regelungen

Es gibt keine generellen Vorschriften, welche die Bienenhaltung auf dem eigenen Grundstück einschränken oder verbieten. Das Nachbarschaftsrecht ermöglicht es theoretisch, dass Nachbarn gegen „Beeinträchtigungen" ihres Grundstückes vorgehen können, die „nicht ortsüblich" sind. Ist aber im Ort Bienenhal-

GESETZLICHE REGELUNGEN

Für das Aufstellen einer Bienenbeute gelten in Deutschland keine speziellen Regeln, aber implizit wird das Nachbarschaftsrecht natürlich auch bei der Haltung von Bienen geltend gemacht. Da Bienen Wildtiere und keine Haustiere sind, werden sie in Mietverträgen nicht erwähnt – als Mieter davon auszugehen, dass man deshalb ohne Weiteres auf seinem Balkon eine Bienenbeute aufstellen kann, ist aber zu optimistisch, wie einschlägige Gerichtsurteile zeigen. Man sollte das Einverständnis des Vermieters und der restlichen Hausgemeinschaft einholen, und im Zweifelsfall eine andere Lösung suchen.

Ein paar „Bienenparagraphen" gibt es aber doch: In den § 961 bis § 964 BGB geht es um die Eigentumsverhältnisse an schwärmenden Bienen. Und dann gibt es natürlich die Bienenseuchen- und die Honigverordnung.

Bienenbeute im Gemüsegarten –
ein Stück Natur in der Stadt

Der Platz um den Bienenstock

Ihr Bienenhaus muss leicht zugänglich sein. Sie brauchen um die Beute eine freie Fläche von mindestens zwei Metern, um gut daran arbeiten zu können. Stellen Sie die Beute so auf, dass Sie sich von hinten nähern können und nicht vor dem Flugloch vorbeigehen müssen.

Die Nachbarschaft

Stellen Sie die Bienenbeute nicht direkt am Nachbarhaus auf, besonders nicht in der Nähe der Fenster. Denken Sie daran, dass viele Bienen unruhig um Sie herum-

Biene beim Sammeln

Die Ausrichtung

Die beste Ausrichtung ist die mit dem Flugloch nach Südosten. Die Absicht dabei ist es, dass die Morgensonne den Stock erwärmt, und am Nachmittag dafür etwas mehr Schatten herrscht, besonders in Hitzeperioden im Hochsommer.

Den besten Aufstellort für Ihre Bienen finden

Der Aufstellort sollte am besten ungestört sein und wenig Bewegung und Verkehr aufweisen, möglichst entfernt von Spielplätzen, Hundehütten oder Fenstern der Nachbarschaft. Wenn der Aufstellort ein Garten ist, empfiehlt es sich, das Bienenhaus mit einem Sichtschutz wie einer Hecke oder einer Palisade abzuschirmen, die möglichst auch den zufälligen Zutritt vermeidet. Es kann auch eine gute Idee sein, das Flugloch so auf ein Hindernis auszurichten, dass die Bienen sofort nach dem Abflug in die Höhe fliegen müssen.

fliegen werden, wenn Sie die Bienenbeute zur Kontrolle, oder am Tag der Honigernte, öffnen.

Es ist nur klug und vernünftig, seine Nachbarn vorher zu informieren. So können Sie sich vergewissern, dass sie Ihrem Vorhaben nicht völlig ablehnend gegenüberstehen, und sich nicht durch das Aufstellen des Bienenhauses unangenehm überrascht fühlen.

Flugloch einer selbstgebauten Bienenbeute

Wenn Sie die Bienenbeute auf dem Dach aufstellen, richten Sie das Flugloch so aus, dass es vom Haus weg weist. Die Beute sollte auch möglichst weit entfernt von allen technischen Apparaten wie Klimageräten stehen.

Auf einer Terrasse können Sie den Aufstellort auch mit einem dekorativen zwei Meter hohen Holzpalisadenzaun umgeben. Wenn Sie das Bienenhaus an einem hoch gelegenen Punkt aufstellen, schützen Sie es vor Wind: Bienen können zwar Kälte gut vertragen, sind aber dafür empfindlich gegen Zugluft und Feuchtigkeit.

Man kann auch mehrere Bienenbeuten nebeneinander aufstellen.

Wenn sich herausstellt, dass Sie trotz aller Begeisterung bei sich zu Hause einfach keinen geeigneten Aufstellort finden, müssen Sie noch nicht aufgeben. Kleingartenvereine beispielsweise sind für die Bestäubungsleistung Ihrer Bienen vielleicht sehr empfänglich und finden ein Plätzchen für eine Bienenbeute.

Wann stellt man den Bienenstock am besten auf?

Um die besten Chancen auf einen Erfolg als Imker zu haben und schon im ersten Jahr Honig ernten zu können, sollten Sie Ihr Bienenhaus im Frühling in Betrieb nehmen, auf jeden Fall aber vor dem Juli.

Einen neuen Bienenschwarm erhält man in der Regel nicht vor April. Wegen der großen Nachfrage, die zum Teil aufgrund der Verluste von Bienenvölkern, die es auszugleichen gilt, aber auch durch die steigende Zahl begeisterter Einsteiger in das Hobby Bienenhaltung besteht, sollte man sich schon vor dem Winter bei einem Züchter seinen Schwarm reservieren, damit man diesen im Frühling auch sicher erhält.

ALLEIN ODER ZU MEHREREN IMKERN

Wer es schon ausprobiert hat, wird es bestätigen: Bienenhaltung macht zu zweit mehr Spaß. Entscheiden Sie aber selbst, unter welchen Umständen Sie Ihrer neuen Leidenschaft frönen möchten.

Ein paar Argumente für beide Möglichkeiten sollen Ihnen in Ihren Überlegungen helfen.

Zu mehreren

Zu zweit (oder zu noch mehr) zu imkern ist schon einmal eine gute Möglichkeit, die körperliche Arbeit zu teilen, welche die Imkerei mit sich bringt – die Zargen anheben, die Beute wiegen, Futter einfüllen, die Honigschleuder betätigen. Vieles ist zu zweit, oder wenn man sich abwechselt, leichter.

Es ist auch eine Erleichterung, wenn nach dem Bienenvolk gesehen werden muss: während einer die Rähmchen heraushebt, kann der andere den Smoker bedienen. Es ist von Vorteil, wenn man sich als Anfänger nur auf eine Aufgabe konzentrieren muss. Es geht schneller und die Bienen werden nicht so lange

bei ihrer Arbeit gestört. Schließlich kann man zu zweit seine Beobachtungen und sein Wissen teilen und diskutieren. Zu Anfang werden Sie oft unsicher sein und Mühe haben, eine neue Lage richtig einzuschätzen und das Verhalten Ihrer Bienen zu deuten. Es wird Sie beruhigen, mit jemandem darüber reden zu können, ob Freund oder Familienmitglied.

GUT ZU WISSEN

Testen Sie den Rauch aus dem Smoker auf Ihrer Hand, bevor Sie den Rauch auf die Bienen blasen. Er muss dicht, weiß und kühl sein. Vorsicht vor heißem Rauch – er kann ihre Bienen verbrennen und sie wild machen!

Kontrolle des Bienenstocks

Allein

Es ist durchaus möglich, allein in das Hobby einzusteigen. Die Arbeit am Bienenstock verschafft einen Moment tiefsten Friedens und der Harmonie mit der Natur. Sie kann Ihnen einen hochwillkommenen Ausgleich bieten und den Stress vertreiben. Alleine an der Beute zu arbeiten heißt, die Arbeit voller Konzentration nach seinem eigenen Rhythmus zu machen, und dabei nach der inneren Ruhe zu suchen. Sie werden schnell merken, wie sensibel Ihre Bienen für Ihre augenblickliche Stimmung sind. Deshalb kommt es darauf an, seinen Besuch am Stock gut vorzubereiten und seine Werkzeuge griffbereit zu haben, um diesen Augenblick der Ruhe vollkommen auskosten zu können.

WELCHE WERKZEUGE BRAUCHEN SIE UNBEDINGT?

Wenige Werkzeuge sind für die regelmäßigen Arbeiten an der Bienenbeute unverzichtbar. Sie können im einschlägigen Fachhandel leicht an günstige Einsteiger-Kits kommen. Hier ein kleiner Überblick über das, was Sie sich als erste Grundausstattung zulegen müssen, bevor Sie loslegen.

Der Smoker

Wenn es ein Werkzeug gibt, dass geradezu symbolisch für den Imker ist, dann ist es der Smoker. Er ist immer dabei, wenn der Imker seine Bienen besucht, und erleichtert die Arbeit ungemein. Sie werden schnell lernen damit umzugehen, und merken, wie wichtig er ist um Stiche zu vermeiden.

Die Bienen verständigen sich unter anderem, indem sie Pheromone – Geruchs-Botenstoffe – ausscheiden, besonders wenn sie sich bedroht fühlen. Der Rauch des Smokers verdeckt diese Duftstoffe zeitweise. Die Bienen, die sich nicht gegenseitig alarmieren können, bleiben so während der Inspektion des Stocks weitgehend passiv. Außerdem wird mit dem Smoker ein Waldbrand simuliert (siehe Seite 85).

Abkehrbesen, Smoker und Stockmeißel

Den Smoker anzünden ist ganz einfach. Man kann eine ganze Reihe von brennbaren Materialien nehmen. Was gerade zur Hand ist, wenn es keine giftigen Bestandteile hat (also kein Papier mit Kleber, Klebeband oder Folie) – beispielsweise können Sie Jute, Heu, totes Holz, trockenes Laub oder Ähnliches nehmen. Es gibt auch speziellen Brennstoff aus Holzgranulat oder getrockneten Pflanzen, der ganz langsam brennt, um auch während eines längeren Aufenthaltes bei den Bienen zuverlässig weiter zu rauchen. Der Rauch muss weiß sein – wenn er es nicht ist, ist der Brennstoff nicht das Richtige.

Der Stockmeißel

Der Stockmeißel wird gern als die verlängerte Hand des Imkers bezeichnet. Wie der Smoker ist er bei jeder Inspektion der Beute unverzichtbar. Er hilft beim Öffnen der Beute, beim Herausnehmen der Rähmchen, die an der Halterung festhängen und mit Propolis

Der Stockmeißel ist ein unverzichtbares Werkzeug für den Imker.

verklebt sind, und beim Abkratzen von überschüssigem Wachs und Propolis. Seine Klinge ist auch sehr nützlich, um Waben zu öffnen und zu entdeckeln, um nachzusehen, was darin ist. Er erleichtert alle Handhabungen während der Inspektion der Beute. Kurz, Sie sollten ihn immer zur Hand haben.

Schleier und Imker-Schutzanzug

Man braucht ein Mindestmaß an Schutz, wenn man seine Bienen inspiziert. Der Schleier ist unverzichtbar, um vor Stichen im Gesicht und am Hals sicher zu sein. Was man dazu noch anzieht, ist eine Sache der persönlichen Entscheidung und der eigenen Einstellung dazu.

Eine einfache Jacke mit integriertem Schleier kann furchtlosen Naturen durchaus schon reichen. Suchen Sie ein Modell aus, bei dem Sie den Schleier abnehmen können, um die Reinigung zu erleichtern. Die untere Körperhälfte können Sie mit einer Hose aus ausreichend starkem Stoff (etwa eine Jeans) und mit hohen Schuhen oder Stiefeln schützen. Bienen haben die unangenehme Eigenart, sich sehr für Fußknöchel zu interessieren und dann an den Beinen entlang hinaufzusteigen. Verhüllen Sie also ihre Knöchel und Socken gut.

Wenn Sie Allergiker sind oder einfach nur bei der Inspektion der Bienen auf Nummer Sicher gehen wollen, wählen sie einen Overall. Das wäre ohnehin unsere Empfehlung für den Anfänger.

Eine Nachwuchsimkerin in ihrem Schutzanzug

Um vollständig geschützt zu sein, vergessen Sie nicht, auch Handschuhe anzuziehen. Auch wenn viele Imker mit bloßen Händen arbeiten, werden Sie als Anfänger einfach ruhiger sein, wenn Sie Handschuhe tragen – besonders bei der Honigernte zu Saisonende. Bienen zeigen sich bei dieser Gelegenheit oft aggressiver als sonst. Es gibt entweder Handschuhe aus Leder, die als haltbarer und robuster gelten, oder welche aus Latex, die leichter zu reinigen sind.

Der Abkehrbesen leistet bei der Honigernte gute Dienste.

Der Abkehrbesen

Ein kleiner Besen, eigentlich mehr ein Handfeger, ist besonders bei der Honigernte nützlich, gerade für den Anfänger. Mit ihm kann man sanft die Bienen verscheuchen, die auf den Honigrähmchen sitzen bleiben, ohne das Rähmchen schütteln zu müssen, was die Bienen wütend machen kann.

Und dann ...

Schließlich brauchen Sie noch ein Feuerzeug, um den Smoker anzuzünden, und eine große Handvoll frisches Gras.

EIN GUTER RAT

Warten Sie nicht, bis Ihr Schwarm kommt – machen Sie sich vorher mit diesen Werkzeugen vertraut.

DIE RICHTIGEN BIENEN AUSSUCHEN

Sicher, Hobbyimker werden kann fast jeder. Aber wie sucht man die richtige Bienenrasse aus, wenn man einsteigt? Hier sind die Dinge, auf die Sie achten sollten, wenn sie sich entscheiden müssen.

Zunächst müssen Sie wissen, dass jede Bienenrasse ihre Eigenheiten hat, die genetisch festgelegt sind. Manche sind sanftmütiger, andere produktiver, manche widerstandsfähiger, wieder andere haben einen guten Wabensitz – das bedeutet, sie bleiben gut auf dem Rähmchen sitzen, das der Imker zur Kontrolle herausnimmt.

Wählen Sie einen Schwarm aus der Region

Für den Anfang (und eigentlich generell) ist es empfehlenswert, einen Schwarm oder Ableger aus der Nähe Ihres Wohnortes zu nehmen. Die Bienen sind mit Sicherheit an die örtlichen Bedingungen gut angepasst, wenn sie aus der Region stammen. Sie sind auf die Temperaturen, auf ortsübliche Krankheitserreger oder mögliche Eindringlinge eingestellt. Durch die Wahl eines örtlichen Bienenvolkes vermeiden Sie auch Mischungen mit Völkern verschiedener Provenienzen und bewahren die genetischen Eigenschaften, die die örtliche Population so widerstandsfähig gemacht haben.

Die in Deutschland verbreitetste Art ist die Dunkle Europäische Honigbiene, Apis mellifera mellifera, mit unterschiedlichen Unterarten davon. Sie überwintert gut, fliegt ausdauernd, und verlässt das Bienenhaus bereits bei niedrigeren Temperaturen als andere Bienenarten. Es ist eine widerstandsfähige und langlebige Bienenart.

Sanftmütige Bienen für die Stadt

Wer mitten in der Stadt und zudem in einem dichtbesiedelten Viertel lebt, kann überlegen, sich Bienen der Rasse Buckfast anzuschaffen, die als ganz besonders sanftmütig gelten. Diese Bienen wurden im 20. Jahrhundert durch mehrfache Auslese und Kreuzung von Bruder Adam gezüchtet, einem aus Oberschwaben stammenden Mönch der Benediktinerabtei Buckfast in England, und genialen Bienenzüchter. Sie wird besonders von Stadtimkern geschätzt, die sich nicht bei ihren Besuchen stechen lassen wollen und Wert auf gute Beziehungen mit den Nachbarn legen.

Die Buckfast-Biene ist eine gute Sammlerin (ihre Zunge ist länger als die der Dunklen Honigbiene), und sie hat einen guten Wabensitz. Ein weiterer Vorteil ist, dass die Völker ausgezeichnet gedeihen, da die Königin ihre Legeaktivitäten sehr wenig mit der Witterung ändert.

Dafür hat sie auch einen Nachteil: sie ist gefräßig. Man muss das ganze Jahr stets prüfen, ob die Vorräte ausreichen. Verglichen mit der Dunklen Europäischen ist die Buckfast-Biene auch nicht so gut in der Verteidigung ihres Bienenhauses und wird leichter Opfer von Räuberei. Schließlich erfordert diese Bienenart auch ein regelmäßiges Umweiseln (so nennt man den Austausch der Königin), um ihre guten Eigenschaften zu behalten, sonst wird auch sie leicht wieder aggressiver.

MANCHMAL KOMMT ES ANDERS ...

Ein Imker sucht sich seine Bienen nicht immer aus. Vielleicht haben Sie das Glück, dass man Ihnen einen Schwarm anbietet, der irgendwo in einem Garten gelandet ist. Er mag aus der Region sein oder nicht, reinrassig oder eine Kreuzung ... Sie bekommen ihn umsonst, und müssen dafür mit seinen Eigenheiten zurechtkommen.

Es ist wichtig, keine Giftstoffe im Garten zu verwenden, um die Bienen, die dort Nektar sammeln, nicht zu gefährden.

Meiden Sie importierte Schwärme

Generell ist davon abzuraten, Bienenarten aus Afrika, Asien oder selbst aus anderen europäischen Ländern zu importieren. Sie sind weniger gut an das Klima hierzulande angepasst und die Ausbreitung von Krankheiten und Parasiten wird begünstigt. So wurde zum Beispiel der Kleine Beutenkäfer aus Asien nach Australien, Europa und Nordamerika eingeschleppt.

Zu guter Letzt sollte Ihnen klar sein, dass die Eigenschaften eines Bienenschwarms, egal für welche Art man sich entscheidet, nicht garantiert werden können. Und wenn Sie Ihre Bienenkiste nicht oder nicht genug einräuchern, wenn Sie sie bei Gewitter öffnen, wenn Sie vor dem Öffnen laut dagegen schlagen – dann wird selbst ein Buckfast-Bienenvolk wild werden.

DIE RICHTIGEN ADRESSEN

Hier ein paar Tipps, wie Sie die Anlaufstellen in Ihrer Nähe finden, damit Ihr Aufbruch in das Abenteuer Bienenzucht möglichst leicht gelingt.

Wo kauft man einen Bienenschwarm?

Bienenschwärme findet man nicht so einfach in der Tierhandlung um die Ecke, aber es gibt inzwischen immer mehr Möglichkeiten, eine Quelle dafür aufzutun. Allerdings muss man mit ziemlicher Sicherheit etwas Geduld mitbringen.

Theoretisch kann man auch in der freien Natur einen Schwarm finden – ein Schwarm, der einem Imker entwischt ist, ist nicht mehr sein Eigentum, es sei denn, er hat ihn sofort verfolgt. Aber einfacher wird es bei einem etablierten Imker sein, ob Profi oder Amateur, oder bei einem Bieneninstitut. Gute Quellen nennt Ihnen wahrscheinlich der Imkerverein. Dann haben Sie auch eine Gewissheit über die Herkunft des Schwarms. Eine Bescheinigung, dass er frei von Krankheiten ist, ist Pflicht für den Verkäufer. Richten Sie sich

aber darauf ein, den Schwarm vor dem Winter reservieren zu müssen, damit Sie ihn im nächsten Frühjahr auch bekommen – oder vielleicht gar ein Jahr im Voraus.

Schwärme werden oft in Form von Ablegern verkauft, mit fünf Rähmchen, von denen mindestens drei Brut enthalten. Sie werden mit einem kleinen Bienenkasten mit sechs Rähmchen zu Hause ankommen, die Sie dann in Ihre Beute einlogieren müssen. Vielleicht wird auch beim Züchter der Schwarm direkt in Ihre Beute gesetzt.

Wo kauft man eine Bienenbeute?

Bienenbeuten sind leicht zu finden, entweder im Online-Handel oder in stationären Geschäften, sogar vereinzelt in Gartenmärkten, besonders Anfängerausrüstungen.

Sie können auch eine gebrauchte Beute kaufen, aber achten Sie unbedingt auf den hygienischen Zustand. Die gebrauchte Beute muss gut nach Bienenwachs riechen. Desinfizieren Sie sie gut – indem Sie alle Bestandteile, die nicht aus Kunststoff sind, flämmen, und die Kunststoffteile mit Chlorreiniger waschen – bevor Sie Ihre neuen Bienen hineinsetzen. Achten Sie auch darauf, dass die Beute ein kompatibles, handelsübliches Modell ist und Sie die passenden Rähmchen und Zargen zum Aufstocken – es gibt leider sehr unterschiedliche Maße – ohne Mühe neu beschaffen können.

Zuerst sollten Sie Ihre Bienenbeute mit einem Schutzanstrich versehen, um sie gegen schlechtes Wetter zu schützen. Nehmen Sie eine biologische Holzfarbe und machen Sie sich das Vergnügen, die Beute ganz nach Ihrem Geschmack anzupinseln. Aber nur von außen, bitte! Um das Innere werden sich die Bienen selbst kümmern und es mit einer dünnen Schicht Propolis auskleiden.

Wie kann ich mehr erfahren?

Lesen, Interesse entwickeln, Informationen sammeln: das ist das Wichtigste. Sie werden so eine Menge über das Verhalten der Bienen und über die Techniken der Imkerei lernen, die Ihre Aufmerksamkeit für das Geschehen in Ihrem Bienenvolk schärfen.

Wir empfehlen Ihnen auch dringend, vor dem Beginn Ihres neuen Hobbys Einführungskurse zu besuchen. Es gibt entsprechende Angebote bei Volkshochschulen, Landwirtschaftskammern, den Bieneninstituten, und beim Deutschen Imkerbund e.V. und seinen Landesverbänden.

Auch zahlreiche Bienenmuseen, Imkervereine, Naturschutzvereine und der eine oder andere Imker bieten Schnupperkurse an. Und wenn Sie zeitlich unabhängig sein wollen, finden Sie zum Einstieg unter www.die-honigmacher.de eine e-Learning-Plattform im Netz mit mehreren Kursen für das Selbststudium.

EIN GUTER RAT

Bienen können die Farbe Rot nicht sehen – streichen Sie die Beute also lieber in gelb, blau oder grün.

KAPITEL 5

DER ERSTE TAG MIT IHREN BIENEN

KURZ VOR DEM AUFSTELLEN

Der große Tag ist gekommen: Heute holen Sie Ihre Bienen beim Züchter ab. Dieser Moment will gut vorbereitet sein, damit alles glatt läuft.

Sich anmelden

Jeder Imker und jede Imkerin ist nach der Bienenseuchenverordnung dazu verpflichtet, den Beginn der Bienenhaltung und jede Änderung der Zahl der Bienenvölker in seiner Obhut bei dem zuständigen Veterinäramt formlos, aber schriftlich anzumelden. Das Ziel der Maßnahme ist es, den Bestand zu kennen und im Fall des Ausbruchs einer Seuche alle Imker im Bezirk schnell alarmieren zu können. Einzelheiten erfahren Sie beim örtlichen Imkerverein oder der Gemeindeverwaltung.

GUT ZU WISSEN

Wenn Sie Honig verkaufen möchten, müssen Sie Ihre Fachkunde nachweisen, denn für den Handel mit Honig gibt es zahlreiche Vorschriften, und das aus gutem Grund: schließlich ist es ein Lebensmittel. Der örtliche Imkerverein oder der Imkerverband erteilen Auskunft über entsprechende Kurse und Prüfungen. Für die Einkommensteuer hingegen ist Ihre Bienenhaltung erst dann ein Thema, wenn Sie mehr als 30 Völker haben – bis dahin gilt es als Liebhaberei.

Bienenbeuten im Garten

Wenn Sie den Schwarm bei einem Imker kaufen, erhalten Sie ein Gesundheitszeugnis für die Bienen, das Sie vorlegen müssen, wenn Sie die Bienenhaltung beginnen. Ein solches Zeugnis werden Sie ebenfalls brauchen, sobald Sie Ihre Bienenbeute, wenn auch nur vorübergehend, in das Gebiet einer anderen Kommune bringen.

che an Sie stellen. Schließen Sie also eine Haftpflichtversicherung für Ihren Bienenstock ab. Als Mitglied eines Bienenzüchtervereins erhalten Sie einen solchen Versicherungsschutz für einen sehr geringen Beitrag pro Bienenvolk und Jahr. Für Hobbyimker ist aber meist bereits die übliche Privathaftpflicht ausreichend.

Eine Haftpflichtversicherung abschließen

Es kommt nicht oft vor, aber Ihre Bienen könnten Ihre Nachbarn oder ein Tier stechen, und jemand Schadenersatzansprü-

AM TAG X VORBEREITET SEIN UND VIEL ZEIT MITBRINGEN

Grundsätzlich wird ein Schwarm vor Sonnenaufgang oder nach Sonnenuntergang abgeholt: Schließlich möchte man alle Sammelbienen im Stock haben und den ganzen Schwarm mitnehmen.

Es ist daher wichtig, viel Zeit mitzubringen und auf alles vorbreitet zu sein. Vor allem sollten Sie ihre Ausrüstung vollständig und einsatzbereit bei sich haben.

Kleiner Tipp: Wenn Ihre Magazinbeute einen sogenannten Fütterer hat, ersetzen Sie ihn durch einen einfachen Innendeckel, das spart Gewicht beim Tragen der Beute.

Damit die Beute beim Transport auch dichthält, denken Sie an die Beschläge zur Verriegelung der Zargen und Deckel, Spannriemen, einen Stopfen aus Schaumgummi oder einen Deckel für das Flugloch. Auch Schrauben und Schraubendreher können sehr hilfreich sein.

CHECKLISTE FÜR DIE ABHOLUNG DES BIENENVOLKS

- ➤ Ihr Imker-Schutzanzug
- ➤ ein betriebsbereiter Smoker
- ➤ ein Stockmeißel
- ➤ eine Magazinbeute
- ➤ Spannriemen (um die Magazinbeute zusammenzubinden und zu sichern)
- ➤ ein Stopfen oder dichter Deckel für das Flugloch
- ➤ fünf bis sechs Rähmchen mit Mittelwand

Anzünden eines Smokers

Den Smoker anzünden

Jetzt kommt zum ersten Mal der Smoker zum Einsatz! Am besten haben Sie das Anzünden vorher geübt, damit Sie jetzt nicht zu nervös werden.

Das Vorgehen, Schritt für Schritt:

Sie brauchen, außer Ihrem Smoker und einem Feuerzeug: Zeitungspapier, Heu oder getrocknete Kräuter, Brennstoffgranulat, und ein dickes Büschel frisches grünes Gras.

• Zünden Sie das Zeitungspapier an und stopfen Sie es brennend in den Smoker.

• Wenn die Flamme gut brennt, geben Sie das Heu oder die Kräuter dazu.

• Betätigen Sie ein paar Mal den Blasebalg, bis dichter Rauch austritt.

• Fügen Sie eine Handvoll Brennstoffgranulat dazu, nicht zu dicht, damit das Feuer nicht erstickt, und nicht zu locker, damit es nicht aufflammt. Fachen Sie die Verbrennung mit dem Blasebalg weiter an.

• Geben Sie das dicke Büschel frisches Gras dazu. Sie sollten einen weißen, dichten und kühlen Rauch erhalten.

• Schließen Sie den Smoker und betätigen Sie regelmäßig den Blasebalg. Der Smoker ist jetzt bereit, kleine Rauchstrahlen auszustoßen.

 67

BEACHTEN SIE:

Die Menge des Brennstoffgranulats hängt von der Dauer Ihres Eingriffs am Bienenstock ab. Für eine einzelne Magazinbeute ist eine Handvoll davon mehr als ausreichend. Mit einer größeren Menge kann der Smoker mehrere Stunden am Stück durchgehend brennen.

EIN TIPP

Am besten leeren Sie den Smoker am Ende der Inspektion Ihrer Beute in einen Zinkeimer, einen Gartengrill, auf ein Gemüsebeet oder den Komposthaufen.

Mit dem Smoker kündigt der Imker sein Kommen an.

Griff am Korpus der Beute auf, während sie gerade beide Hände an der Beute brauchen. Deshalb sind Smoker vorzuziehen, die ein Hitzeschutzgitter und einen Haken zum Aufhängen an ihrem Gehäuse haben.

Wenn der Smoker angezündet ist, stellen Sie ihn aufrecht auf einer hitzebeständigen und nicht brennbaren Fläche ab, um Ihren Schutzanzug anziehen zu können.

Zur Sicherheit: Wenn Sie den Smoker anzünden, stellen Sie immer einen Kanister Wasser in der Nähe bereit. Meistens stellen Imker den Smoker zwischen ihren Beinen ab oder hängen ihn an seinem

Zum Ende der Inspektion der Beute

Um den Smoker zu löschen, stopfen Sie die Öffnungen am Gehäuse mit frischem Gras zu, damit die Flamme erstickt. Auch dann wird er noch heiß sein. Stellen Sie ihn nicht auf Plastikflächen ab.

DER TRANSPORT DER BIENEN

Ein Bienenvolk sollte nicht im Winter umgesetzt werden (das heißt zwischen Ende Oktober und Mitte März). Das würde das Volk in seiner Winterruhe, während der es in Traubenform zusammenhängt und sich gegenseitig warmhält, stören und solange Brut im Nest ist, die Brut womöglich unterkühlen.

Außerhalb der Winterruhe können Sie ein Volk ruhig in seiner Beute in Ihrem Auto an eine andere Stelle bringen, selbst wenn die Fahrt ein paar Stunden dauert – solange Sie ein paar Dinge beachten.

Vermeiden Sie Überhitzung

Der Transport ist Stress für das Volk. Die Temperatur in der Beute steigt an, und wenn auch noch das Wetter heiß ist, besteht echte Überhitzungsgefahr. Imker nennen es „Verbrausen".

Dieses Risiko ist stärker, wenn Sie ein relativ großes Volk in einer kleinen Polystyrolbeute transportieren. Die Beute muss unbedingt am Boden ein Lüftungsgitter haben. Stellen Sie sicher, dass es nicht mit einer Klappe verdeckt ist und dass Luft hineinströmen kann.

Sorgen Sie auch für angenehm temperierte, frische Luft in dem Fahrzeugraum, in dem die Bienen transportiert werden. Führen Sie den Transport im Sommer lieber in den kühlen Stunden des Tages durch. Stellen Sie die Beute auf Stützen, damit das Lüftungsgitter frei ist.

Höchste Sicherheit beim Transport

Die Beute muss für den Transport völlig bienendicht sein und die Zargen sowohl aneinander, als auch am Fahrzeug mit Spannriemen fest verzurrt werden.

Ein paar Kniffe für mehr Sicherheit: Schrauben Sie die Fluglochklappe verkehrt herum an der Beute fest, um sie gut zu blockieren. Wenn Sie die Beute im Auto sichern, achten Sie auf die Ausrichtung der Rähmchen: Parallel zur Straße ausgerichtet, sind die Belastungen für Bienen und Waben am geringsten. Fahren Sie sanft und ruhig; Bienen hassen Erschütterungen.

Womöglich fühlen Sie sich sicherer, wenn Sie sich in Ihrem Imkeranzug (ohne Schleier) ans Steuer setzen, und einen einsatzbereiten Smoker zur Hand haben.

anwesend sein, oder auch nicht. Man muss vorbereitet sein, allein zurecht zu kommen – zumal Imker im Mai und Juni, wenn Jungvölker meist verkauft werden, viel zu tun haben.

Der Verkäufer ist verpflichtet, Ihnen ein amtliches Gesundheitszeugnis auszuhändigen, das Sie bei der Anmeldung Ihres Volkes vorlegen müssen. Schauen Sie sich Ihr neues Volk trotzdem schon einmal an. Ist die Brut kompakt und nicht wie ein Mosaik angeordnet? Finden Sie die Königin? Ist mindestens ein Rähmchen mit Honig- und Pollenreserven gefüllt? Ist das Wachs schön hell?

Beim Züchter

Zwei Fälle sind zu unterscheiden:

- Entweder erhält man den Ableger oder Schwarm in einer kleinen Transportbeute und siedelt ihn zuhause in die Magazinbeute um. Die pfandbelegte Transportbeute muss man zurückbringen.

- Oder man hat seine Magazinbeute mitgebracht, und die Bienen kommen direkt hinein. Der Züchter kann dabei

DEN SCHWARM EINLOGIEREN

Ob beim Züchter oder im eigenen Revier – Ihre erste Aufgabe als Imker wird sein, Ihren Schwarm in die Beute einzulogieren, die Sie für ihn gekauft haben.

Dieser Schritt wird Ihre erste Interaktion mit Ihren Bienen. Das Erfolgsgeheimnis dabei ist, dass Sie Ruhe bewahren und sich Zeit nehmen müssen. Ihren Schwarm werden Sie in Form von vier bis sechs Rähmchen in einer Schwarmkiste, einer kleinen Transportbeute, bekommen. Diese Rähmchen sollen in Ihre Magazinbeute hinüberwechseln, in der Sie womöglich schon ein paar Rähmchen mit Mittelwand eingehängt haben.

So gehen Sie Schritt für Schritt vor:

1. Zünden Sie den Smoker an.

2. Stellen Sie die Transportbeute etwas um und positionieren Sie Ihre Magazinbeute genau an die Stelle, an der die Transportbeute gestanden hat (damit die Sammlerinnen den Stock finden).

3. Räuchern Sie das Flugloch der Transportbeute etwas ein, dann das Innere.

WICHTIG ZU BEACHTEN:

Der Aufstellort des Bienenvolks muss mehr als 3 km Luftlinie von seinem letzten Standort entfernt liegen. Wenn nicht, muss man den Sammelbienen die Erinnerung an den alten Standort nehmen – etwa, indem man die Beute 48 Stunden im dunklen Keller abstellt.

Bienen auf den Rähmchen des Brutraums

Der Imker räuchert das Flugloch der Transportbeute ein, um den Schwarm einlogieren zu können.

4. Setzen Sie danach die Rähmchen einzeln in derselben Reihenfolge und mit den Brutwaben in der Mitte aus der Transportbeute in die Magazinbeute (Bienen haben den Plan ihrer Wohnung im Kopf).

5. Um die letzten Bienen aus der Transportbeute herauszubekommen, schütteln Sie diese über der Magazinbeute aus. Benutzen Sie den Abkehrbesen für die hartnäckigsten Nachzüglerinnen.

6. Räuchern Sie noch ein letztes Mal von oben die Magazinbeute ein, damit die Bienenschar nach unten krabbelt und Sie den Innendeckel und das Dach auflegen können.

7. Sammeln Sie alle Teile der Transportbeute ein und entfernen Sie sie vom Stock (der Geruch könnte die Sammelbienen anlocken).

Wenn Sie dies alles beim Verkäufer gemacht haben, warten Sie jetzt den Einbruch der Dunkelheit ab, um die letzten Sammlerinnen nach Hause zurückkehren zu lassen.

Wenn sich der Standort als untauglich erweist

Es kann vorkommen, dass sich ein Standort nach dem Aufstellen der Beute als untauglich erweist, zum Beispiel, weil er unweit einer Terrasse liegt und die Nachbarn sich plötzlich doch beeinträchtigt fühlen. Man kann eine Beute auch noch nachträglich versetzen, aber Achtung: Versetzen Sie eine offene Beute nie mehr als 1 m pro Tag nach vorn oder hinten, und nie mehr als 30 cm nach rechts oder links.

DIE BEDINGUNGEN FÜR EINEN GUTEN START SCHAFFEN

Ihre Beute ist in Betrieb. Jetzt müssen Sie eine Entscheidung treffen: Wollen Sie Ihren Schwarm machen lassen, oder ihn antreiben?

Am ersten Tag

Sie müssen sich recht schnell entscheiden, welchen Weg Sie einschlagen wollen. Lassen Sie das Bienenvolk allein zurechtkommen, oder helfen Sie nach? Wenn Sie möglichst bald Honig ernten wollen – was aber bei einem Jungvolk mit junger Königin ohnehin auf das nächste Jahr verschoben werden muss – und das Trachtangebot in der Umgebung gerade abnimmt, können Sie mit 2,5 Liter verdünntem Sirup am ersten Tag die Eiablage der Königin und die Tätigkeit der Baubienen anregen.

Die ersten Tage

In jedem Fall sollten Sie in den ersten Tagen Ihre Neugier zügeln und die Bienen in Ruhe ihre neue Umgebung erkunden lassen. Vom ersten Tag an werden sie die Trachten der Umgebung aufspüren und Nektar von den Blüten sammeln.

Zwei bis drei Wochen nach der Aufstellung

Schauen Sie nach zwei bis drei Wochen nach, wie sich das Volk entwickelt – das entspricht einem Brutzyklus. Sie können bei Bedarf nachfüttern.

KAPITEL 6

MEIN ERSTES JAHR ALS IMKER

IHR BIENENVOLK IM LAUFE DER MONATE

Es ist soweit: Ihre Beute ist aufgestellt, Ihre erste Saison als Imker kann beginnen! Im Laufe der Monate und der Jahreszeiten werden Sie mit jeder Inspektion Ihres Volkes lernen, sein Verhalten besser zu verstehen. Hier sind ein paar Hinweise, die Ihnen dabei helfen sollen, die Entwicklung des Bienenstocks zu begleiten.

Der Einfachheit halber haben wir in den Tabellen der folgenden Seiten ungefähre Daten angegeben, der tatsächliche Zeitpunkt wird aber vom Wetter, vom Trachtangebot der Saison, und von der geographischen Lage Ihres Standortes abhängen.

DIE SCHÖNE JAHRESZEIT BEGINNT
März bis April

Mit den ersten warmen Tagen am Ende des Winters beginnt die Königin mit der Eiablage, und das Volk mit den Vorbereitungen auf die großen Trachten. In den ersten Tagen finden die Reinigungsflüge statt. Danach steht die Entwicklung der Brut im Vordergrund. Die Nahrungssituation ist sehr wichtig, das Volk braucht viel Pollen und Honig. Nahrungsknappheit aufgrund von Spätfrösten ist jetzt gefährlich.

DIE ZEIT DER MASSEN-TRACHTEN UND DIE SCHWARMSAISON
Mai bis Juni

Bienenvolk und Größe der Brut wachsen explosionsartig. Viel Pollen und Nektar werden gesammelt. Das Risiko des Ausschwärmens erreicht den Höhepunkt.

DIE HONIGERNTE UND DIE VARROA-BEHANDLUNG
Juli bis August

Die Eiablage durch die Königin geht zurück, besonders im August, wenn das Trachtangebot stark zurückgeht.

WICHTIGE TRACHTEN DER SAISON	ARBEITEN AN DER BEUTE	ARBEITEN IM HAUS
Die Prunus-Arten (Kirschbaum, Pflaumenbaum), Magnolien, Buchsbäume, Hartriegel, Weide, Feldahorn, Raps (wenn Sie in der Nähe der Felder wohnen).	Bei der Frühjahrsinspektion stellen Sie fest, wie das Volk den Winter überstanden hat, ob es Nahrungsvorräte hat und ob die Königin auch wieder Eier legt.	Wenn Ihr Volk den Winter leider nicht überlebt hat, reinigen und desinfizieren Sie die Beute. Verlassene und nicht desinfizierte Beuten müssen nach Bienenseuchenverordnung verschlossen werden, damit kein Schwarm einzieht!
Akazien und Linden sorgen für große Trachten. Aber auch Löwenzahn, Weißdorn, Kastanien und alle Obstbäume blühen.	Sobald Sie sehen, dass sich die Rähmchen mit Brut und Honig füllen, setzen Sie eine weitere Zarge auf die Beute. Viel Aktivität am Flugloch ist ein gutes Zeichen. Schauen Sie in dieser Zeit öfter nach und beugen Sie der Bildung eines Schwarms vor.	Vielleicht haben Sie bereits eine kleine Frühjahrs-Honigernte einfahren können. Wenn Ihr Ziel eine einzige große Honigernte ist, bereiten Sie eine weitere Zarge vor.
In der Stadt gibt es im August je nach Standort noch interessante Trachten wie Japanischen Schnurbaum, Sommerflieder oder Götterbaum.	Zwischen Ende Juli und Ende August ist die Zeit gekommen, die Honigzargen abzunehmen und zu ernten. Darauf folgt die Varroabehandlung: Schnelles Handeln nach der Ernte hilft, den Druck der Milbe auf das Volk zu lindern.	Richten Sie alles für den Tag der Honigernte ein, um gute Hygiene sicherzustellen, und loslegen zu können, solange der Honig warm ist.

DAS EINWINTERN
September bis Oktober

Die Bevölkerungszahl im Bienenstock nimmt ab, und die Winterbienen nehmen nach und nach die Stelle der Sommerbienen ein.

DER WINTER
November bis Februar

In der kalten Jahreszeit rücken die Bienen in der Wintertraube eng zusammen. Sie zehren von ihren Vorräten, um die Energie zu haben, sich warm zu halten. Die Königin legt wenige oder gar keine Eier. Nur die Winterbienen sind zu ihrer Unterstützung im Stock.

WICHTIGE TRACHTEN DER SAISON	ARBEITEN AN DER BEUTE	ARBEITEN IM HAUS
Immer weniger Honigtrachten stehen zur Verfügung – meistens bleibt noch der Efeu, den die Bienen fleißig besuchen.	Prüfen Sie, ob genug Honigreserve da ist, damit das Volk gut durch den Winter kommt. Es braucht etwa 15–20 kg Honig. Ergänzen Sie die Reserven, wenn nötig. Helfen Sie den Bienen, Heizenergie zu sparen, indem Sie mit Einengungen den Raum um den Schwarm verkleinern. Verengen Sie auch das Flugloch, damit keine Eindringlinge hereinkommen können.	Der Honig muss geschleudert, gefiltert, abgeschäumt und gegebenenfalls gerührt werden, bevor er abgefüllt werden kann. Und das unter strengster Hygiene!
In dieser Jahreszeit gibt es keine Honigtrachten. Falls es ein paar Tage warm wird, verlassen die Bienen die Beute, aber sie füllen Ihre Reserven nicht auf.	Öffnen Sie die Beute in dieser Zeit möglichst nicht, und transportieren Sie sie auch nicht an einen anderen Standort. Sichern Sie die Beute mit Ballast, damit sie Stürmen sicher standhält. Wenn es extreme Wetterlagen gegeben hat, schauen Sie bei der Beute nach dem Rechten. Prüfen Sie die Nahrungsvorräte und füttern Sie, wenn nötig, Zuckerteig zu.	Nutzen Sie die ruhige Zeit, um Ihre Ausrüstung für das Frühjahr aufzufrischen und vorzubereiten.

DIE GOLDENEN REGELN FÜR GELUNGENE KONTROLLBESUCHE

Sie haben Ihre Bienenbeute vor ein paar Tagen oder Wochen aufgestellt. Es ist jetzt Zeit, sie aufzumachen und zu sehen, wie es läuft und was sich auf den Rähmchen im Herzen der Bienenbehausung so tut.

Der beste Zeitpunkt für eine Kontrolle ist an einem schönen, sonnigen und möglichst windstillen Tag mit mindestens 15 °C Wärme, am Anfang des Nachmittags. Wächterinnen und Sammlerinnen, die erfahrensten Arbeiterinnen, verteidigen den Stock normalerweise gemeinsam. Deshalb ist es vorzuziehen, die Beute zu öffnen, wenn sie hauptsächlich von den jüngeren und sanfteren Bienen besetzt ist.

Öffnen Sie die Beute nach Möglichkeit nie bei folgenden Wetterlagen:

- Sehr große Hitze: Die Bienen neigen stark dazu, sehr aufgeregt zu sein.

- Kaltes Wetter: Ein Öffnen der Beute bei Kälte gefährdet die Gesundheit Ihrer Bienen.

- Gewitter, Frost oder Regen: Bei diesen Bedingungen werden Bienen ungern gestört und werden Sie das schnell wissen lassen.

Wenn die Wetterlage nicht stabil gut ist, warten Sie im Zweifel besser einen günstigeren Moment ab. Im Allgemeinen stehen Sie nicht unter Handlungsdruck und man sollte die Bienen so schonend wie möglich behandeln.

Gehen Sie auch nie ohne Ihren Smoker (unverzichtbar), Ihren Schutzanzug und Ihren Stockmeißel zur Kontrolle.

Werkzeug für Arbeiten an der Bienenbeute

Der typische Kontrollbesuch

Vor dem Kontrollbesuch ist es sinnvoll, sich ein Konzept zurechtzulegen, in dem man alle durchzuführenden Schritte rekapituliert, und sich alle Fragen ins Gedächtnis ruft, die man während der Kontrolle beantworten möchte. Stellen Sie sicher, dass Sie nichts davon im Eifer des Gefechts vergessen können.

Bevor Sie den Smoker einsetzen, prüfen Sie immer, ob der Rauch auch dick, weiß und kühl ist.

Nähern Sie sich der Beute von hinten oder von der Seite, aber niemals von vorn.

Dann, Schritt für Schritt:

1. Kündigen Sie Ihr Kommen mit zwei bis drei leichten Rauchstößen am Flugloch an.

2. Warten Sie etwa 20 Sekunden, nehmen Sie dann das Dach ab und heben Sie den Deckel oder Adam-Fütterer an. Räuchern Sie auch von oben noch leicht nach. Lassen Sie den Bienen etwas Zeit, in der Beute nach unten auszuweichen.

3. Nehmen Sie den Deckel jetzt ganz ab und räuchern Sie dabei den oberen Bereich der Rähmchen ein.

je nach Witterungsverlauf, können Sie eine erste Kontrolle machen. Anschließend bestimmt die Entwicklung des Volkes, wie oft Sie vorbeischauen müssen, abhängig von Jahreszeit, Wetter, Blütentrachten und Ihrer Verfügbarkeit.

Bei jeder Kontrolle sollten Sie prüfen, ob die Königin fleißig Eier legt, ob der Nahrungsvorrat ausreicht, und ob Anzeichen einer Krankheit erkennbar sind. Und schließlich sollten Sie immer daran denken: Auch wenn Sie gern öfter nachschauen möchten, geht es Ihren Bienen grundsätzlich umso besser, je weniger man sie stört.

Adam-Fütterer

4. Jetzt, da die Beute offen ist, verwenden Sie den Smoker nicht mehr, es sei denn, die Bienen machen Anstalten, nach oben zu steigen. Blasen Sie den Rauch nie ins Innere der Beute oder direkt auf die Rähmchen: Sie würden Ihrem Honig einen unangenehmen Geschmack geben.

5. Nehmen Sie die Rähmchen vorsichtig einzeln heraus, und sehen Sie sich diese genau an.

Während des Überwinterns sollten Sie die Inspektionen auf das absolute Minimum beschränken. Ab Mitte März,

WAS MAN NICHT TUN SOLLTE:

➤ **Beuten ohne Schutzkleidung öffnen**
➤ **Beuten bei schlechtem Wetter öffnen**
➤ **Stark parfümiert den Bienenstock besuchen**
➤ **Nicht sanft genug und zu hektisch hantieren**
➤ **Die Beuten zu oft kontrollieren und sie wiederholt öffnen und schließen**

ETWAS HINTERGRUNDWISSEN

Wer Rauch einsetzt, möchte damit immer auch täuschen und Verwirrung stiften, und genau das machen Sie mit Ihren Bienen, wenn Sie den Smoker verwenden. Bienen, die Rauch riechen, vermuten als Ursache einen Waldbrand. Das löst zwei Reaktionen aus: sie stopfen sich mit Honig voll (für den Fall einer Flucht), und sie scharen sich um die Königin, um sie zu schützen. Außerdem ist die Kommunikation zwischen ihnen gestört, weil der Rauch die Pheromone verdeckt. Deshalb bleiben sie in der Beute und lassen Sie während der Kontrolle in Ruhe.

Untersuchung eines Rähmchens

Pollen, frisch gelegte Eier ("Stifte"), Larven und verdeckelte Brut

Die unverzichtbaren Kontrollen

Hier ein Abriss der Operationen und Kontrollen, die Sie bei den wenigen Besuchen im Laufe des Jahres durchführen müssen, weil sie wirklich unverzichtbar sind.

Die Frühjahrskontrolle

Diese erste Kontrolle ist grundlegend, um den Gesundheitszustand des Volkes zu bewerten. Räuchern Sie die Beute etwas ein und öffnen Sie sie. Nehmen Sie

den Fütterer oder Innendeckel heraus. Nehmen Sie die Rähmchen einzeln heraus und inspizieren Sie sie.

Wenn Sie Larven sehen, heißt das, dass die Königin im Stock ist (es sei denn, die Kolonie wäre drohnenbrütig). Wenn Sie frisch gelegte Eier sehen, können Sie sicher sein, dass die Königin nicht weit davon entfernt ist.

Während dieser Kontrolle achten Sie zuallererst auf den Zustand der Brut: er ist sehr aufschlussreich. Wenn die Brutoberfläche groß und gleichmäßig ist, ist das ein gutes Zeichen. Das Volk entwickelt sich gut, es kommt nun lediglich darauf an, rechtzeitig Platz zu schaffen, damit die Königin ihre Aufgabe, für Nachwuchs zu sorgen, gut erfüllen kann. Wenn Brut da ist, die Fläche der Brutwaben aber eher klein ausfällt, können Sie mit etwas Futtersirup Schwung in die Entwicklung bringen. Wenn die Größe der Brut eher mickrig ausfällt oder noch gar keine Brut vorhanden ist, schwächelt die Königin oder das ganze Volk. Sie müssen sich darauf einstellen, das Volk umzuweiseln, also die Königin zu tauschen. Mindestens aber müssen Sie die Entwicklung des Volks sehr aufmerksam beobachten, denn eine Honigernte können Sie von einem schwachen Volk nicht erwarten.

CHECKLISTE: FRÜHJAHRSKONTROLLE

Zeitpunkt:
Etwa Mitte April.

Ziele:
Feststellen, ob die Eiablage gut verläuft (Brutfläche groß und regelmäßig), ob das Volk wächst und ob die Nahrungsvorräte ausreichen.

Aktionen:
In der Brutzarge auf beiden Seiten der Brut zwei alte Rähmchen durch neue Rähmchen mit Mittelwand ersetzen.

GUT ZU WISSEN

Die Brut umfasst alle noch unreifen Individuen des Volks, also Eier, Larven und Puppen. Die Brut ist immer in der Mitte des Nestes. Ihre Größe hängt direkt mit der Stärke des Volkes und dem Trachtangebot der Umgebung zusammen.

Bevor Sie die Beute wieder schließen, entnehmen Sie die beiden ältesten Rähmchen, versetzen Sie die anderen etwas und setzen Sie zwei neue Rähmchen mit Mittelwand auf beiden Seiten des Volkes ein. So stellen Sie sicher, dass die Rähmchen regelmäßig erneuert werden.

Schließlich ist die Frühjahrsvisite auch diejenige, bei der Sie am besten sehen können, ob Ihre Bienen vielleicht von einer Krankheit befallen sind. Einengungen, die Sie vielleicht zur Erleichterung der Überwinterung eingesetzt haben, müssen Sie jetzt auch entfernen. Falls es schneller als üblich Frühling geworden ist, wird es vielleicht sogar Zeit, eine weitere Zarge aufzusetzen.

Die Kontrolle bei Massentrachten

Die Saison ist im vollen Gange, und Ihr Volk ist in Hochform.

Wenn Sie mindestens acht oder neun voll ausgebaute und belegte Rähmchen im Brutraum gefunden haben, ist der Moment gekommen, eine erste weitere Zarge aufzustocken.

Bereiten Sie hierfür eine Zarge mit sauberen Rähmchen in gutem Zustand vor. Bewahren Sie dazu bebaute Rähmchen vom Vorjahr auf, oder bereiten Sie mit Mittelwand welche vor: Fertig gebaute Waben werden sich umso schneller mit Honig füllen.

Um eine Erweiterungszarge zu setzen, nehmen Sie den Innendeckel oder Fütterer ab. Stellen Sie dann sorgfältig die neue Zarge auf die erste, so dass die beiden ohne Ritze aufeinander stehen.

Manche Imker verwenden Absperrgitter, die zwischen dem Brutraum – der Hauptzarge – und den aufgesetzten Zargen eingesetzt werden und verhindern sollen, dass die Königin in den Waben der Erweiterungszarge Eier legt. Dieses Gitter ist sehr nützlich bei der Honigernte, damit man nicht Brut zwischen den Honigwaben hat.

Der Nachteil ist, dass die Königin schneller Platzmangel verspürt und die Schwarmneigung zunimmt.

Absperrgitter auf einer Warré-Beute

CHECKLISTE: KONTROLLE BEI MASSENTRACHTEN

Zeitpunkt:
Mai bis Juni

Ziele:
Die Legetätigkeit der Königin prüfen (sind Stifte – frische Eier – zu sehen?), sicherstellen, dass genug Brutwabenfläche für weitere Eier vorhanden ist, um der Entstehung eines Schwarms vorzubeugen.

Aktionen:
Eine Zarge aufstocken. Königinnenzellen zerstören, wenn Sie welche sehen, oder einen Kunstschwarm oder Ableger bilden, den Sie einem Freund schenken können.

Ein Trick: Wenn Sie ein Blatt Zeitungspapier zwischen Brutraum und Erweiterungszarge legen, werden die Bienen erst dann in die neue Zarge klettern, wenn es ihnen nötig scheint.

Wenn das Trachtangebot sehr groß ist oder das Volk sehr zahlreich, können Sie auch zwei Zargen gleichzeitig hinzufügen. Sobald die erste Erweiterungszarge halb- bis dreiviertelvoll ist, können Sie eine zweite anbauen – auch unterhalb der Hauptzarge, beide Methoden sind gleich gut.

GUT ZU WISSEN

Während großer Trachten wie der Linden- oder Akazienblüte kommt es nicht selten vor, dass starke Wirtschaftsvölker eine Zarge innerhalb einer Woche füllen, besonders wenn die Rähmchen fertig gebaut eingesetzt wurden.

Honig fließt aus der Schleuder

Haben Sie Angst, Sie könnten etwas falsch machen?

Keine Angst, etwas weiter unten führen wir Sie detailliert durch die Arbeitsschritte der Honigernte.

Die Honigernte

Ihre Bienen haben die Hochblüten des Frühlings und Frühsommers ausgekostet. Jetzt lässt das Trachtangebot nach und es kommen nur noch wenig Nektar und Pollen dazu. Es ist Zeit, die Früchte Ihrer Arbeit – und der Arbeit Ihrer Bienen – zu ernten.

Varroamilbe auf einer Arbeiterin

Die Varroabehandlung

Es ist leider wahr: Praktisch überall auf der Welt grassiert die Varroamilbe und richtet in den Bienenstöcken verheerende Schäden an. Jeder Imker ist dafür verantwortlich, den Varroabefall einzudämmen und dazu nach der Honigernte eine Behandlung des Stocks durchzuführen.

Die Varroabehandlung ist nicht nur angeraten, sondern in der deutschen Bienenseuchenverordnung sogar vorgeschrieben. Wenn sie nötig wird, wählen Sie in Deutschland zugelassene Mittel und verwenden Sie sie bestimmungsgemäß und nach Anweisung.

Welche Methode Sie auch wählen, fangen Sie direkt nach der Honigernte damit an. Denken Sie aber daran, nicht in der Zeit zu behandeln, in der die Bienen noch Honig machen.

Die genaue Anwendung ist je nach Mittel unterschiedlich.

Synthetische Mittel werden oft in Kontaktstreifen dargereicht, die man im Brutraum auslegen und längere Zeit dort lassen muss. Andere Methoden auf Basis von Säuren und essenziellen Ölen, wie beispielsweise mit Ameisensäure oder mit Thymol, müssen einmal wöchentlich wiederholt werden, und zwar über einen ganzen Brutzyklus, also drei Wochen lang.

Schließlich gibt es Anwendungen zum Beträufeln, die man direkt zwischen den Rähmchen zerstäubt oder einträufelt.

Zum Beispiel Oxalsäure, eine biologische Behandlung, die nur im Winter durchgeführt werden kann. Die Verbreitung der Varroamilbe führt regelmäßig zu neuen Erkenntnissen und Erfahrungswerten bei ihrer Bekämpfung, die sich im Rahmen dieses Büchleins nicht darstellen lassen. Wir empfehlen Ihnen dringend, sich zu diesem Thema durch Bieneninstitute, den Imkerverein sowie aktuelle Fachmedien und Internetseiten zu informieren, um eine wirksame und für Ihre Bienen schonende Behandlungsstrategie zu entwickeln.

CHECKLISTE:
VARROABEHANDLUNG

Zeitpunkt:
August bis September, nach der Honigernte, gegebenenfalls mehrfach und Folgebehandlungen

Ziel:
Den Varroabefall der Kolonie verringern.

Vorgehen:
Das Mittel in die Bienenbeute einbringen.

Kontaktstreifen zur Varroabehandlung

94

Das Einwintern

Die Honigernte ist gelaufen. Die Bienen nutzen spät blühende Trachten, um den Vorrat vor dem langen Winter aufzustocken. Sie brauchen möglicherweise etwas Unterstützung, und das ist Ihre Aufgabe. Geben Sie Futterteig dazu, wenn der Honigvorrat knapp ist. Entfernen Sie bei diesem Besuch leere Rähmchen, die im Winter überflüssig sind.

Futtersirup

Ersetzen Sie sie durch Einengungen, also Wände, die den Raum um die Bienen verkleinern. So fällt es den Bienen leichter, den Raum auf Temperatur zu halten, und sie sparen Energie. Die letzten Gelegenheiten, zu denen Sie die Beute öffnen, sollten spätestens im Oktober sein, und nur an warmen Tagen.

Kontrollen im Winter bei geschlossener Beute

Die Kälte ist gekommen, und Ihre Bienen fliegen nicht mehr aus und bleiben zur Wintertraube zusammengedrängt im Herz der Beute. Sie dürfen nicht das Risiko eingehen, Ihr Bienenvolk zu verkühlen. Schauen Sie nur von außen nach dem Rechten – besonders nach Stürmen. Der Winter ist eine ruhige Zeit für Imker: an der Beute gibt es, Unglücksfälle ausgenommen, nichts zu tun.

Jetzt ist eine gute Zeit, um die Ausrüstung zu Hause zu pflegen. Desinfizieren Sie Honigzargen und Rähmchen mit einem Brenner, und Kunststoffteile in Chlorbleiche. Sie können auch das Wachs von den Deckeln der Honigzellen einschmelzen und eine neue Mittelwand daraus gießen. Verwenden Sie alte Brutwaben besser nicht wieder, es könnten Verunreinigungen darin sein.

> ## CHECKLISTE: WINTERKONTROLLE
>
> **Zeitpunkt:**
> November bis Februar
>
> **Ziele:**
> Sehen Sie nach, ob außen an der Beute alles in Ordnung ist. Heben Sie die Beute ganz sanft an, um zu schätzen, wie viele Reserven darin sind.
>
> **Aktionen:**
> Schauen Sie sich das Anflugbrett oder Flugloch an und stellen Sie sicher, dass nichts Verdächtiges zu sehen ist und die Bienen hinauskönnen. Geben Sie notfalls im Spätwinter weiteren Futterteig.

Füttern: warum, wann und wie?

Füttern ist nicht unbedingt nötig. Sie können sich durchaus dafür entscheiden, Ihr Bienenvolk ganz allein machen zu lassen: Die Dunkle Europäische Honigbiene handelt von Natur aus vorausschauend und wird Ihr Vertrauen rechtfertigen.

Wenn Sie aber auf Nummer Sicher gehen wollen und ein starkes und gesundes Volk haben möchten, besonders vor dem Winter und wenn Sie selbst auch Honig geerntet haben, dann müssen Sie für genug Nahrung sorgen.

Achtung: Es gibt keinen vollwertigen Ersatz für die Mischung aus Pollen und Honig, mit denen die Bienen sich selbst ernähren. Die Futterprodukte, die man ihnen stattdessen geben kann, sind in der Regel nur Zucker. Das ist nur eine Notlösung.

Wann füttert man?

- **Wenn Nahrung allgemein knapp ist,** sowohl in den Vorräten in der Beute als auch in Form von Trachten in der Umgebung.

- **Um die Aktivität des Volkes anzuregen,** besonders die Legetätigkeit der Königin und die Wachsproduktion der Baubienen.

Die Rückkehr der Sammlerinnen

- Oder auch wenn man Bienen hält, die **relativ wenig Honig im Brutraum der Beute vorhalten,** wie zum Beispiel die Buckfast.

GUT ZU WISSEN

Unter 12 °C brauchen Sie keinen Sirup anzubieten: die Bienen werden ihn nicht anrühren. Am Ende des Winters füttern Imker mit Futterteig.

Biene auf Wassersuche

oder sehr viel später erfolgen muss als zu den Daten, die wir zur Orientierung angegeben haben. Und natürlich ist das Wetter Anfang April auch nicht in jeder Gegend dasselbe. Die idealen Bedingungen für Honigbienen in der Hochsaison ist ein Wechsel von Sonnen- und Regentagen, besonders weil dann der Nektar der Blüten gut nach oben steigt.

Alle extremen Wetterlagen (Trockenheit, ausgedehnte Regenperioden usw.) schaden den Blüten wie den Bienen. Wenn solche Bedingungen eintreten, ist für den Imker Wachsamkeit geboten.

Im Fall von Trockenheit ist es wichtig, dass die Bienen in der Nähe des Stocks immer etwas Wasser finden können, am besten in einer Art Tränke für sie.

Wenn die Blüten-Hauptsaison eher mager ausgefallen ist, stellen Sie sich die Frage, ob Sie überhaupt Honig ernten sollen. Es kann besser sein, dem Bienenvolk seine Vorräte zu überlassen.

Sie können Ihre Bienen auch mit Honig füttern, aber nur mit Honig, den sie selbst gemacht haben. Sie mit einem anderen Honig zu füttern, ist nicht ratsam: es besteht das Risiko der Seuchenübertragung. Vorsicht auch vor Räuberei: Der Geruch des Honigs kann die Bienen der ganzen Umgebung anlocken.

Richten Sie sich nach dem Wetter

Bei der Bienenhaltung gleicht kein Jahr dem anderen: Sie müssen sich in einem fort dem Wetter und der Entwicklung Ihres Volkes anpassen. Es ist möglich, dass die Frühjahrskontrolle sehr viel früher

IHRE ERSTE HONIGERNTE

In diesem Kapitel bereiten Sie sich Schritt für Schritt auf Ihre erste Honigernte vor.

Ihre erste Honigernte

Zuerst sprechen wir über die Ausrüstung, die Sie mindestens für die Ernte brauchen: Schleuder, Transportbehälter und Entdeckelungsmesser, Siebe und Seihtuch sowie Edelstahlgefäße.

Als Schleuder reicht für Hobbyimker eine handbetriebene für drei Rähmchen, die man auch mit mehreren Bienenhaltern teilen kann. Man kann außerdem bei Imkervereinen einen Teil der Ausrüstung leihen. Oder man presst nach alter Väter Sitte die honiggefüllten Wachswaben aus.

So fällt die Arbeit bei der Ernte leichter:

• Halten Sie sich die Zeit frei und vermeiden Sie andere Verpflichtungen einzugehen.

• Mit mehreren zusammenzuarbeiten ist angenehmer.

• Entnehmen Sie die Honigzargen bei schönem Wetter am frühen Nachmittag.

• Warnen Sie Ihre Nachbarn vor, und ernten Sie am besten, wenn die Nachbarn nicht da sind – es ist ein stressiger Vorgang für die Bienen, die dann besonders unleidlich werden können.

GUT ZU WISSEN

In der Imkerei wird nichts weggeworfen und alles kann wiederverwendet werden! Die Deckel der Honigwaben können nach der Honigernte in den Fütterer der Beute zurückgelegt werden, wo die Bienen den Honig abschlecken können.

Honigschleuder für 9 Rähmchen

• Bereiten Sie einen Transportbehälter vor, eine Kiste oder eine leere Zarge, in die Sie die gefüllten Honigwabenrähmchen einzeln einhängen können.

Der Honig ist erntereif, wenn die Bienen ihn verdeckelt haben. Entnehmen Sie nur Rähmchen, in denen mindestens 80 % der Waben verdeckelt sind. Fegen Sie ansitzende Bienen mit dem Abkehrbesen zunächst in einen Eimer ab.

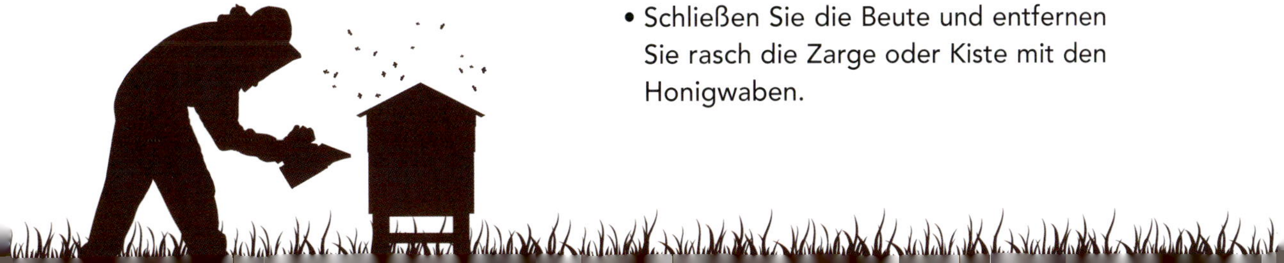

So gehen Sie Schritt für Schritt vor:

• Räuchern Sie vor dem Flugloch etwas ein.

• Öffnen Sie die Beute. Blasen Sie keinen Rauch auf die Waben – der Honiggeschmack leidet darunter.

• Lösen Sie die Rähmchen einzeln heraus, fegen Sie die Bienen ab und setzen Sie die Rähmchen in die Transportkiste.

• Schließen Sie die Beute und entfernen Sie rasch die Zarge oder Kiste mit den Honigwaben.

Entdeckelungsmesser

Sobald Sie den Honig verstaut haben, bringen Sie ihn zu dem Ort, wo Sie ihn schleudern möchten, auf jeden Fall aber weg vom Bienennest. Der erste Grund dafür ist, dass der Honig warm besser aus den Waben geholt werden kann.

Der zweite ist, dass die Bienen versuchen könnten, die Früchte ihrer Arbeit zurückzuholen.

Der ideale Ort zum Schleudern ist ein hygienisch sauberer, warmer Raum ohne Staub und Feuchtigkeit, und mit einem Warm- und Kaltwasseranschluss, an dem man die Hände und Werkzeuge reinigen kann.

Entdeckeln Sie die Honigwaben mit einem Entdeckelungsmesser, von oben nach unten in weiten Bewegungen entlang dem Rähmchen. Es gibt alternativ auch Entdeckelungsgabeln, mit denen man Stück für Stück die Waben öffnet.

Vergessen Sie nicht, auch die andere Seite des Rähmchens zu entdeckeln, und platzieren Sie es in die Schleuder.

Geben Sie so viele Rähmchen in die Schleuder wie hineinpassen, damit keine Unwucht entsteht und schleudern Sie bei geschlossenem Ablaufhahn mit gleichmäßiger Drehzahl, lieber länger als schneller. Nach ein paar Minuten sind die Waben leer und können herausgenommen werden, oder in einer Radialschleuder andersherum eingesetzt und dann nochmals geschleudert werden.

Kosten Sie diesen Moment aus und genießen Sie den Duft des Honigs, der den ganzen Raum erfüllt. Mmmmh!

Lassen Sie dann den Honig durch ein Grob- und ein Feinsieb, und am besten durch ein Seihtuch in einen sauberen Behälter ab. Ein Behälter aus Kunststoff für etwa 20 kg Honig, wie sie günstig angeboten werden, ist für den Anfang das Richtige. Lassen Sie den Honig mehrere Tage stehen, damit die Verunreinigungen darin wie Wachspartikel etc. nach oben steigen können und Sie sie abschäumen können. Die leergeschleuderten Honigwaben können Sie zurück in die Beute schieben – die Bienen werden sie für Sie sauberlecken.

Und damit ist Ihre erste Honigernte fast geschafft. Sie müssen nur noch den Honig in sterile Gläser abfüllen, ein schönes Etikett gestalten, und können Ihre Freunde und Bekannten – und sich selbst – damit glücklich machen und am Zauber Ihrer Bienen beteiligen.

ANHÄNGE

HÄUFIGE FRAGEN

Was tun bei einem Bienenstich?

Eine Biene sticht nur zur Verteidigung des Stocks, wenn sie sich angegriffen fühlt. Das tut sie beispielsweise, wenn der Imker die Bienen stört, indem er die Beute öffnet, bei der Honigernte, bei Schlägen von außen gegen die Beute oder wenn die Sammlerinnen ein Hindernis auf dem Anflug auf das Flugloch antreffen.

Ein Bienenstich ist weniger schmerzhaft als ein Wespenstich, der Stachel bleibt mit der Giftblase in der Wunde stecken und die Einstichstelle zeigt eine Reizung und Schwellung.

Unser Rat:

- Ziehen Sie den Stachel nicht mit einer Pinzette oder den Fingern heraus, denn Sie drücken womöglich die Giftblase zusammen und spritzen mehr Gift ein.

- Entfernen Sie den Stachel mit einem flachen Werkzeug, das Sie parallel zur Haut führen, etwa eine Messerklinge oder eine Scheckkarte.

- Sie können ein lokal anwendbares Medikament in Salbenform verwenden oder ein Antihistamin, wenn Sie es schnell genug zur Hand haben. Nach einem längeren Zeitraum nützt diese Behandlung nichts mehr.

Und bei einer starken Reaktion?

Zwei Fälle bei Bienenstichen sind wirklich schlimm: der Stich eines hochgradigen Allergikers, oder Stiche durch einen ganzen Schwarm.

Bei Allergikern (die Allergie ist nicht häufig, kann aber gefährlich werden):

- Rufen Sie Hilfe über 112 und machen Sie genaue Angaben zur Lage des Verletzten;

- Legen Sie den Verletzten flach hin (außer bei einem Stich in den Mund, dann muss er aufrecht sitzen) und heben Sie die Beine an;

• Unter Umständen wird der Notarzt Ihnen telefonisch Anweisungen geben, um der betroffenen Person eine Adrenalinspritze zu setzen, falls sie, wie empfohlen, eine bei sich führt (Anapen 0,30 mg, auf Verschreibung). Wahrscheinlicher ist jedoch, dass es die Nothelfer bei ihrem Eintreffen tun.

Wenn ein Bienenschwarm Sie angreift, versuchen Sie sich in Sicherheit zu bringen, indem Sie sich 50–100 m entfernen. Anschließend folgen Sie den Anweisungen für den Allergiefall, ohne die in diesem Fall unnötige Adrenalinspritze.

Ist eine Varroabehandlung wirklich nötig?

Die Varroamilbe ist ein Parasit, der seine Eier in die Waben mit den Bienenlarven ablegt. Wenn sie den Stock befällt, kann sie schlimme Schäden anrichten. Die jungen Bienen weisen Missbildungen auf wie zu kleine Flügel und verkürzte Hinterleiber, haben Untergewicht und eine kürzere Lebenserwartung.

Es ist stark damit zu rechnen, dass Sie Varroabefall erleben werden. Dieser Parasit ist fast überall auf der Welt verbreitet, nur entlegene, besonders geschützte Gebiete wie die Atlantikinsel Ouessant vor der bretonischen Küste blieben in Europa bis jetzt verschont.

Die Varroabehandlung ist in Deutschland vorgeschrieben und dringend empfohlen. Es gibt Präparate, die biologischer und naturnäher sind als andere, dafür scheinen diese auch weniger wirksam zu sein. Wir empfehlen Ihnen, sich an zuständige Stellen wie das Veterinäramt, ein Bieneninstitut oder den örtlichen Imkerverein zu wenden, die Sie beraten und Ihnen Bezugsquellen für geeignete Wirkstoffe nennen können, die auch für die Behandlung zugelassen sind.

Wann ist der richtige Zeitpunkt, eine Bienenbeute aufzustellen?

Am besten stellt man seine Beute zwischen März und Mitte Juni auf, um die Zeit der großen Trachten ganz ausnutzen zu können. So hat ein Jungvolk bessere Chancen zu überwintern, und ein Wirtschaftsvolk liefert Ihnen schon im ersten Jahr eine Ernte. Im Mai sind die Völker gut entwickelt und die Blütensaison ist auf dem Höhepunkt. Die Sammelbienen stellen die Mehrheit des Bienenvolkes und füllen die Waben mit Nektar und Pollen. Man kann theoretisch auch noch später im Sommer einen Bienenstock neu aufstellen, aber je später dies geschieht, umso geringer sind für dieses Volk die Chancen, gut durch den Winter zu kommen.

Was ist gegen die Asiatische Hornisse zu tun?

Die Asiatische Hornisse, etwas kleiner als ihre europäische Verwandte und an ihren gelben Füßen gut zu erkennen, wurde etwa 2004 aus China nach Südwestfrankreich eingeschleppt und breitet sich seitdem um etwa 100 km im Jahr nach Nordosten aus. In den wärmeren Gefilden Deutschlands haben sich mittlerweile kleine Populationen festgesetzt, auch wenn nicht sicher ist, ob diese wirklich dauerhaft bleiben, angesichts des, verglichen mit ihrer Heimat, relativ kühlen Klimas. In Frankreich befürchtet man immer noch Schäden bei den Bienenvölkern und empfiehlt, Fallen für Hornissenköniginnen aufzustellen, um Raubzüge auf Bienenstöcke zu verhindern. Mittlerweile geht der Bestand der Hornissen in Südwestfrankreich aber wieder zurück, ohne dass dies auf die Gegenwehr der Imker zurückgeführt werden konnte. Während der reale Schaden an den Bienenvölkern und der Nutzen des Fallenstellens unklar ist, stimmt es zweifelsfrei, dass den Fallen auch andere, völlig harmlose Insekten zum Opfer fallen. Deutsche Bienenkundler und Biologen raten daher derzeit (2017) zur Gelassenheit und dazu, keine Maßnahmen gegen die asiatische Hornisse zu ergreifen. Wir raten Ihnen, zu diesem Thema, das in Deutschland noch relativ jung ist, die Fachmedien zu verfolgen.

Was tun bei Krankheiten?

Mosaikförmige Brut, merkwürdige Gerüche beim Öffnen der Beute, mumifizierte Larven, kriechende Bienen und ungewöhnliches Verhalten – jegliche Anomalie sollte ein Alarmzeichen für Sie sein. Vielleicht ist es das Anzeichen einer Krankheit, die andere Bienenvölker im Umkreis anstecken könnte. Es ist wichtig, solche Krankheiten schnell zu erkennen und sich dafür fortbilden zu lassen oder zumindest einschlägige Informationen darüber zu sammeln.

Manche Krankheiten oder Parasiten sind einfach zu bekämpfen, wie die Kalkbrut oder die Große Wachsmotte.

Andere Krankheiten, wie die Amerikanische Faulbrut, sind nach Bienenseuchenverordnung meldepflichtig, und das von der Faulbrut befallene Volk muss meist sogar getötet werden.

Im Zweifelsfall wenden Sie sich an einen erfahrenen Imker oder das Veterinäramt.

NÜTZLICHE ADRESSEN

Nachfolgend finden Sie eine Zusammenstellung nützlicher deutschsprachiger Internetadressen für den Freizeitimker. Aufgrund gewisser nationaler Unterschiede sei darauf hingewiesen, dass nicht alle Informationen deutscher Seiten für die Schweiz und Österreich gelten, und umgekehrt.

Verbände und Vereine

Im Deutschen Imkerbund (DIB) organisieren sich die deutschen Imkervereine flächendeckend. Über seinen Webauftritt **http://deutscherimkerbund.de** findet man auch die 19 Landesverbände und zahlreiche andere Institutionen, wie Bieneninstitute und Bienenmuseen. Dort lassen sich außerdem Links zu Einsteigerkursen finden.

Einsteigerkurse im Netz

Die von der Landwirtschaftskammer Nordrhein-Westfalen betriebene e-Learning-Plattform **www.die-honigmacher.de** ist hervorragend für das erste Selbststudium geeignet – bevor man zur Vertiefung Kurse bei Imkervereinen etc. vor Ort besucht. Die Seite bietet einen Schnupperkurs, eine Anfängerschulung und eine Einführung zum Fachkundenachweis Honig, den Sie benötigen, wenn Sie Honig auch verkaufen wollen.

Fachmedien

Die Internetaufritte der großen deutschen Fachzeitschriften für Imkerei unter **www.bienenundnatur.de**, **www.bienen-nachrichten.de** und **www.bienenjournal.de** bieten aktuelle Nachrichten. Weitere Fachmedien und ihre Online-Auftritte finden Sie über die Seiten der Landesverbände des DIB.

Artgerechte Bienenhaltung

Für viele Hobby-Imker steht zunehmend der ökologische Aspekt ihres Hobbys im Vordergrund. Stellvertretend für diese Strömung sei der Verein Mellifera e.V. genannt, dessen Internetseite **www.mellifera.de** vielfältige Denkanstöße für Natur- und Bienenfreunde gibt.

Internet-Tipps für Österreich und die Schweiz:

Für Österreich lauten die Internetadressen des Verbandes und nationaler Institutionen **www.imkerbund.at**, **www.imkereizentrum.at** und **www.biene-oesterreich.at**. Schweizer Interessenten seien auf die Adressen **www.bienen.ch** und **www.bienen-schule.ch** verwiesen.

REGISTER

DIE AUTOREN

Gaëlle de Broissia ist seit vielen Jahren Imkerin. Nach ihrer Ausbildung an der Central Apiculture Society hat sie Natura Bee gegründet und sich auf die Installation von Bienenstöcken in der Stadt spezialisiert.

Der Urban Beekeeper **Julien Desodt** hat schon als Jugendlicher in der Imkerei seines Vaters gearbeitet. Neben seinen städtischen Projekten auf den Dächern von Paris kümmert er sich auch um die Bienenzucht in der Bretagne.

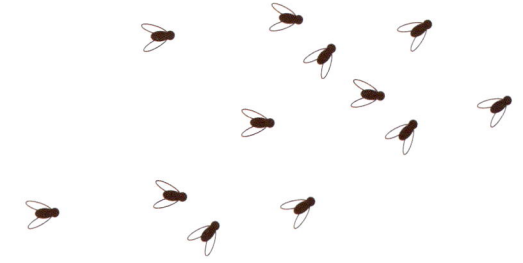